写真で見る世界シリーズ

怪獣画報

円谷英二監修

秋田書店　刊

怪《かい》獣《じゅう》画《が》報《ほう》 もくじ

1、いまも生《い》きている怪獣《かいじゅう》

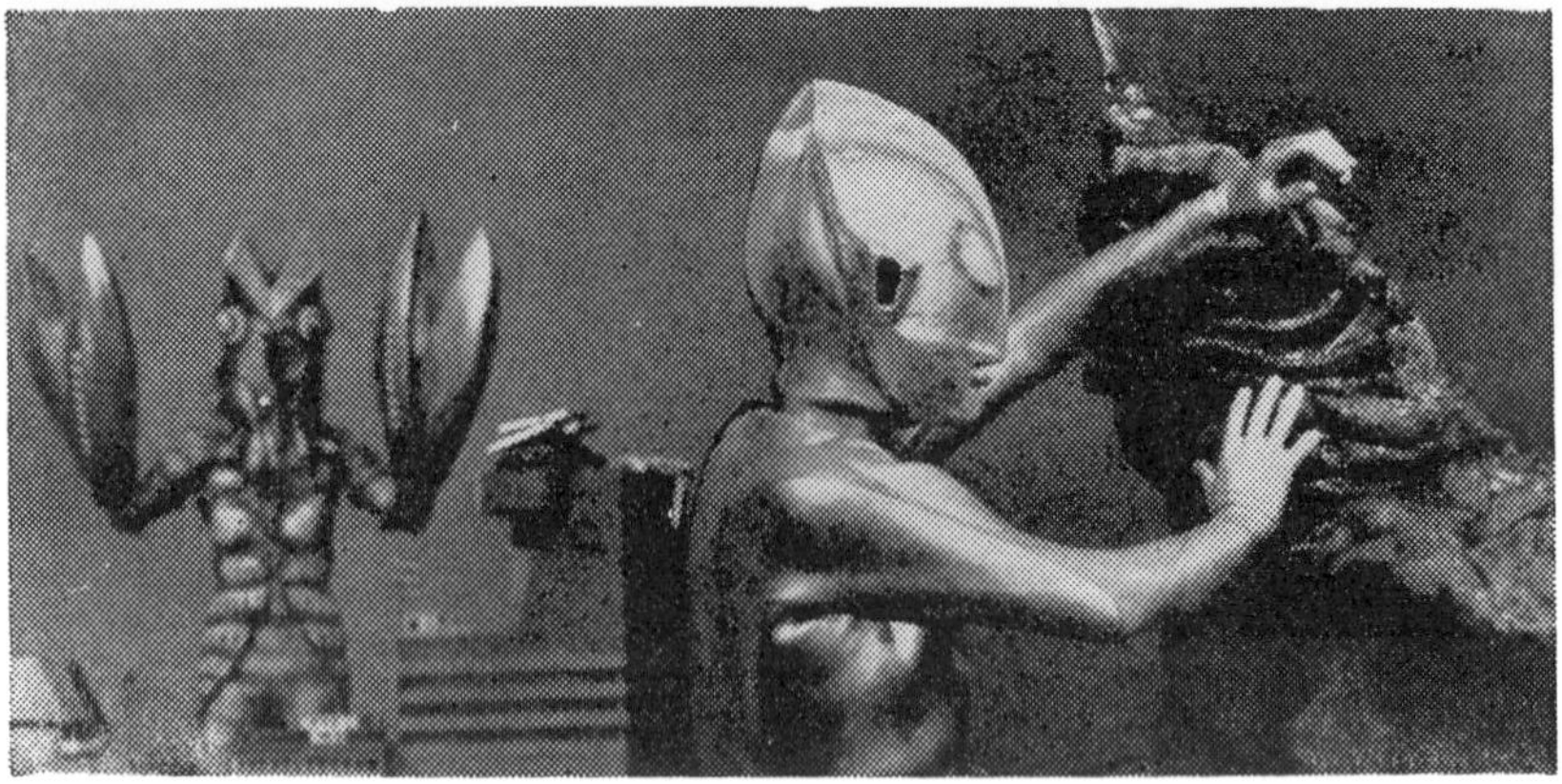

2、生《い》きていた怪獣《かいじゅう》たち

© 円谷プロ

3、ゆかいでおそろしいSF《エスエフ》怪獣《かいじゅう》

© 東宝

4、ウルトラ怪獣《かいじゅう》血戦《けっせん》画報《がほう》

文《ぶん》・小山内宏《おさないひろし》　大伴昌司《おおともしょうじ》
監修《かんしゅう》・円谷英二《つぶらやえいじ》
表紙絵《ひょうしえ》・小松崎茂《こまつざきしげる》
口絵《くちえ》・南村喬之《みなみむらたかし》
さし絵《え》・南村喬之《みなみむらたかし》　工藤佳《くどうけい》
資料提供《しりょうていきょう》・TBS《テービーエス》　円谷特技《つぶらやとくぎ》プロ　東宝映画《とうほうえいが》

1.
いまも生《い》きている怪獣《かいじゅう》

数千万年前《すうせんまんねんまえ》に地球上《ちきゅうじょう》でさかえた大怪獣《だいかいじゅう》たちは、とつぜんほろびてしまった。しかし、ほんとうに怪獣《かいじゅう》はまったく地球上《ちきゅうじょう》から姿《すがた》を消《け》してしまったのだろうか。そうではない。動物学者《どうぶつがくしゃ》もおどろくような怪獣《かいじゅう》が、世界《せかい》のあちらこちらで発見《はっけん》されたり、姿《すがた》を見《み》せたりしているのだ。

それは科学《かがく》ではしらべられない怪物《かいぶつ》かも知《し》れないし、また大《おお》むかしの大怪獣《だいかいじゅう》の生《い》き残《のこ》りであるかも知《し》れないのだ。その、生《い》きている怪獣《かいじゅう》たちは、こんなものなのだ。

①ネス湖《こ》の怪獣《かいじゅう》ネッシーの正体《しょうたい》

イギリスのスコットランド北部《ほくぶ》にあるネス湖《こ》にすむといわれる怪獣《かいじゅう》は、全世界《ぜんせかい》をさわがしている。

一九三三年《ねん》七月《がつ》に、スパイサーという人《ひと》がネス湖《こ》を自動車《じどうしゃ》でまわっているとき、怪物《かいぶつ》が前《まえ》をよこ切《ぎ》ったので、おどろいてにげかえった。三四年《ねん》一月《がつ》に、グランドという人《ひと》もやはり同《おな》じ怪物《かいぶつ》に出会《であ》っている。

そして、ネス湖《こ》の中《なか》を怪物《かいぶつ》がおよいでいるのを見《み》た人《ひと》がつぎつぎと出《で》て、一九三四年《ねん》にはウイルソンという医者《いしゃ》がぼやけているが、その姿《すがた》を写真《しゃしん》にとり、人々《ひとびと》をおどろかした。

一九四三年《ねん》には、はっきりと写真撮影《しゃしんさつえい》に成功《せいこう》したが、それは大《おお》むかしいた〝首長恐竜《くびながきょうりゅう》〟そっくりだった。

一九五二年《ねん》にはファインレイという人《ひと》がその姿《すがた》をスケッチしているが、恐竜《きょうりゅう》のブロントザウルスにていて、おまけに頭《あたま》には二本《ほん》のつのまでかかれている。

一九五四年《ねん》、水中探信機《すいちゅうたんしんき》をつかってトロール漁船《ぎょせん》が水中《すいちゅう》にいる怪獣《かいじゅう》をしらべたが、やはり長《なが》さ十数《すう》メートルをこえる怪物《かいぶつ》で、中世代《ちゅうせだい》にさかえた首長竜《くびながりゅう》の一種《しゅ》プレジオザウルスそっくりだった、という。

一九六三年《ねん》三月《がつ》、デインスデールという人《ひと》が望遠《ぼうえん》レンズをつけた十六ミリ、シネカメラで怪獣《かいじゅう》が湖《みずうみ》をおよいでいるのを、みごとに撮影《さつえい》している。

このため、オックスフォードとケンブリッジの二つの大学《だいがく》では調査隊《ちょうさたい》をつくり、ネス湖《こ》の怪物《かいぶつ》の調査《ちょうさ》にのり出《だ》した。

そして、いろいろしらべた結果《けっか》、

(1)ネス湖《こ》の怪物《かいぶつ》は巨大《きょだい》な動物《どうぶつ》であって、前世紀《ぜんせいき》にさかえた首《くび》長竜《ながりゅう》ににている。胴体《どうたい》の長《なが》さは二メートル以上《いじょう》、首《くび》と尾《お》がそれぞれ三メートル以上《いじょう》、全長《ぜんちょう》は十メートル以上《いじょう》になるだろうという。

(2)皮膚《ひふ》はどすぐろく厚《あつ》く、かっ色《しょく》のまだらがある。
(3)指《ゆび》のない、ひれに似《に》た形《かたち》の足《あし》が四本《ほん》ある。
(4)首《くび》が先《さき》になるにしたがって、細《ほそ》くなっている。
(5)背中《せなか》にこぶがあるが、二つくらいとも、もっとたくさんあるとも、いわれている。
(6)おもに夜《よる》だけあらわれ、湖《みずうみ》をおよぐが、ときどき陸《りく》にあがってくることもある。
(7)胴《どう》は太《ふと》くて、すくなくとも直径《ちょっけい》一メートル五〇はあるらしい。——などということがわかってきた。

そして一九六一年《ねん》の二月《がつ》、イギリス空軍《くうぐん》もいろいろ調査《ちょうさ》した結果《けっか》を発表《はっぴょう》したが、それはこの怪獣《かいじゅう》は恐竜《きょうりゅう》にそっくりで時《じ》速《そく》十六キロでおよぐ、ということだ。

この怪獣《かいじゅう》はネッシーとよばれ、ネス湖《こ》にすむ三メートルもある大《おお》ウナギなどを食《た》べて生《い》きているといわれるが、しかも一ぴきではなくて、四〜五ひきいるらしいというので、ネス湖《こ》の近《ちか》くにすむ人々《ひとびと》は大《たい》へんおそれている。

②シベリアに現《あら》われたなぞの恐竜《きょうりゅう》

一九六三年《ねん》九月《がつ》、ソ連《れん》の学術調査隊《がくじゅつちょうさたい》が東《ひがし》シベリアをあるいているとき、バロタ湖《こ》で怪物《かいぶつ》に出会《であ》った。

それは、体長《たいちょう》十メートル以上《いじょう》もある茶色《ちゃいろ》の大《おお》きなからだで、背中《せなか》に小《ちい》さいせびれがあり、長《なが》い首《くび》の頭《あたま》にはきみのわるい目《め》が光《ひか》っていた。首《くび》の大《おお》きさだけでも二メートルはあったという。隊長《たいちょう》のスベルドルフ博士《はかせ》はその怪物《かいぶつ》が湖岸《こがん》にせまってくるまでじっと見《み》つめていたが、岸《きし》から百《ひゃく》メートルくらいのところで水《みず》にもぐり消《き》え去《さ》った。そのあと、湖岸《こがん》へいってみると、数千万年前《すうせんまんねんまえ》にあったという水草《みずくさ》がのこっていた。

博士《はかせ》は、この怪獣《かいじゅう》は大《おお》むかしの恐竜《きょうりゅう》の生《い》きのこりで、どこか湖《みずうみ》の中《なか》に数千万年前《すうせんまんねんまえ》と同《おな》じ世界《せかい》があり、そこから出《で》てきたものだろう、といっている。最近《さいきん》、近《ちか》くのラクインドルフ湖《こ》にも同《おな》じ怪獣《かいじゅう》が現《あら》われたということだ。

③ギリシアに現《あら》われた食人怪獣《しょくじんかいじゅう》

一九六五年《ねん》の夏《なつ》のことだ。ギリシアの北部《ほくぶ》の山岳地帯《さんがくちたい》をセルビアという農夫《のうふ》があるいていた。すると森《もり》がガサガサいったので、ふと見《み》ると、おそろしい怪獣《かいじゅう》がとび出《だ》したのだ。

頭《あたま》はオオカミのようで口《くち》は大《おお》きくさけ、するどいきばをむき出《だ》し、目《め》はけわしく血《ち》ばしっていて、からだはこわい毛《け》におおわれ、おしりの方《ほう》はブタのように丸《まる》くみじかいしっぽがあり、足《あし》はウマのような形《かたち》をしている奇怪《きかい》な姿《すがた》だった。

そのころ、この地方《ちほう》では正体《しょうたい》のわからない怪獣《かいじゅう》が人《ひと》をおそってくい殺《ころ》す事件《じけん》がたびたびおきていた。セルビアは、これがその人《ひと》をくう怪獣《かいじゅう》とさとって、夢中《むちゅう》で山《やま》をにげおりて助《たす》かった。

セルビアのしらせで、ギリシアの警察《けいさつ》ばかりか、陸軍部隊《りくぐんぶたい》まで出動《しゅつどう》し、大《おお》がかりな山《やま》がりをはじめたが、まだ発見《はっけん》できない。人々《ひとびと》は食人怪獣《しょくじんかいじゅう》のきょうふにおののいている。

④タスマニアのお化《ば》け肉《にく》クラゲ獣《じゅう》

一九六〇年《ねん》八月《がつ》、オーストラリア南方《なんぽう》のタスマニア島《とう》の西《にし》海岸《かいがん》にそうぞうもつかない怪物《かいぶつ》が流《なが》れつき、人々《ひとびと》をおどろかした。

それは巨大《きょだい》なクラゲのような怪物《かいぶつ》で、はば五メートル五〇、長《なが》さ六メートル、高《たか》さ一メートル三〇もあり、全身肉《ぜんしんにく》のかたまりのようで、重《おも》さは七〜八トンあったという。

しかし、その肉《にく》は堅《かた》く、ノコギリでなくては切《き》れなかったほどだ。タスマニア博物館《はくぶつかん》のモリソン教授《きょうじゅ》がしらべたところ、クラゲのようなせきついのない動物《どうぶつ》だったという。

しかし、この怪獣《かいじゅう》の正体《しょうたい》はわからなかったが、その後《ご》三カ月《げつ》たって同《おな》じような怪物《かいぶつ》が、アメリカの東海岸《ひがしかいがん》、ニュージーランド、アフリカのモーリシャス島《とう》の海岸《かいがん》やスコットランド海岸《かいがん》にまで流《なが》れついて、世界《せかい》の学者《がくしゃ》をおどろかしたが、その後《ご》はあらわれず、正体《しょうたい》はいまだになぞなのだ。

⑤ボルネオの人《ひと》くい大怪鳥《だいかいちょう》

ボルネオ島《とう》（インドネシア）には高《たか》い山《さん》脈地帯《みゃくちたい》がある。そこへはいったものは、ときどきゆくえ不明《ふめい》になるという事件《じけん》がおきていた。

一九六四年《ねん》十二月《がつ》。島《しま》の奥地《おくち》を測量《そくりょう》するためにイギリス人《じん》の技師《ぎし》がヘリコプターで山脈《さんみゃく》の上空《じょうくう》をとんでいると、怪《あや》しい大《おお》きな鳥《とり》の姿《すがた》を発見《はっけん》した。

それは体長《たいちょう》一メートル五〇くらい、羽《はね》はひろげると六メートルくらいにもなるまっ黒《くろ》の巨鳥《きょちょう》だった。きらきら光《ひか》る金色《きんいろ》の長《なが》くてするどいくちばしと、けわしい目《め》をもち、森林《しんりん》の上《うえ》をとんでいた。

そして、ヘリコプターめがけておそいかかったが、銃《じゅう》を撃《う》ってようやくおいはらったという。そして、おうえんの警察《けいさつ》隊《たい》とともにそのあたりへもどってみると、大《おお》きな巣《す》があり、その下《した》にたくさんの人骨《じんこつ》がちらばっていたといわれる。まだこの大怪鳥《だいかいちょう》はつかまっていない。

⑥アメリカの大《おお》エビ怪獣《かいじゅう》

一九五七年《ねん》八月《がつ》、アメリカのサンタバーバラ（カリフォルニア州）の沖《おき》に奇怪《きかい》な大魚《たいぎょ》があらわれて、漁船《ぎょせん》をおどろかせた。

全長《ぜんちょう》十五メートル以上《いじょう》、油《あぶら》をぬったようなからだをもち、背中《せなか》には長《なが》い大《おお》きなせびれがついていた。

もっと奇怪《きかい》なのは、頭部《とうぶ》に巨大《きょだい》なエビのハサミのようなものがついていたうえ、大《おお》きな口《くち》にはするどい剣《けん》のような歯《は》がならんでいた、という。そしてマグロの大群《たいぐん》をおいかけてかたっぱしからエサにしていたのだ。

漁船《ぎょせん》が近《ちか》づくと、大《おお》きな口《くち》をあけていやなにおいをふきかけたが、すぐに海《うみ》の中《なか》にもぐって姿《すがた》を消《け》した、という。

アメリカの学者《がくしゃ》は数十億年前《すうじゅうおくねんまえ》さかえたよろいを着《き》たカッチュウ魚《ぎょ》の一種《しゅ》ではないか、といっているが、その正体《しょうたい》はいまだにわからない。

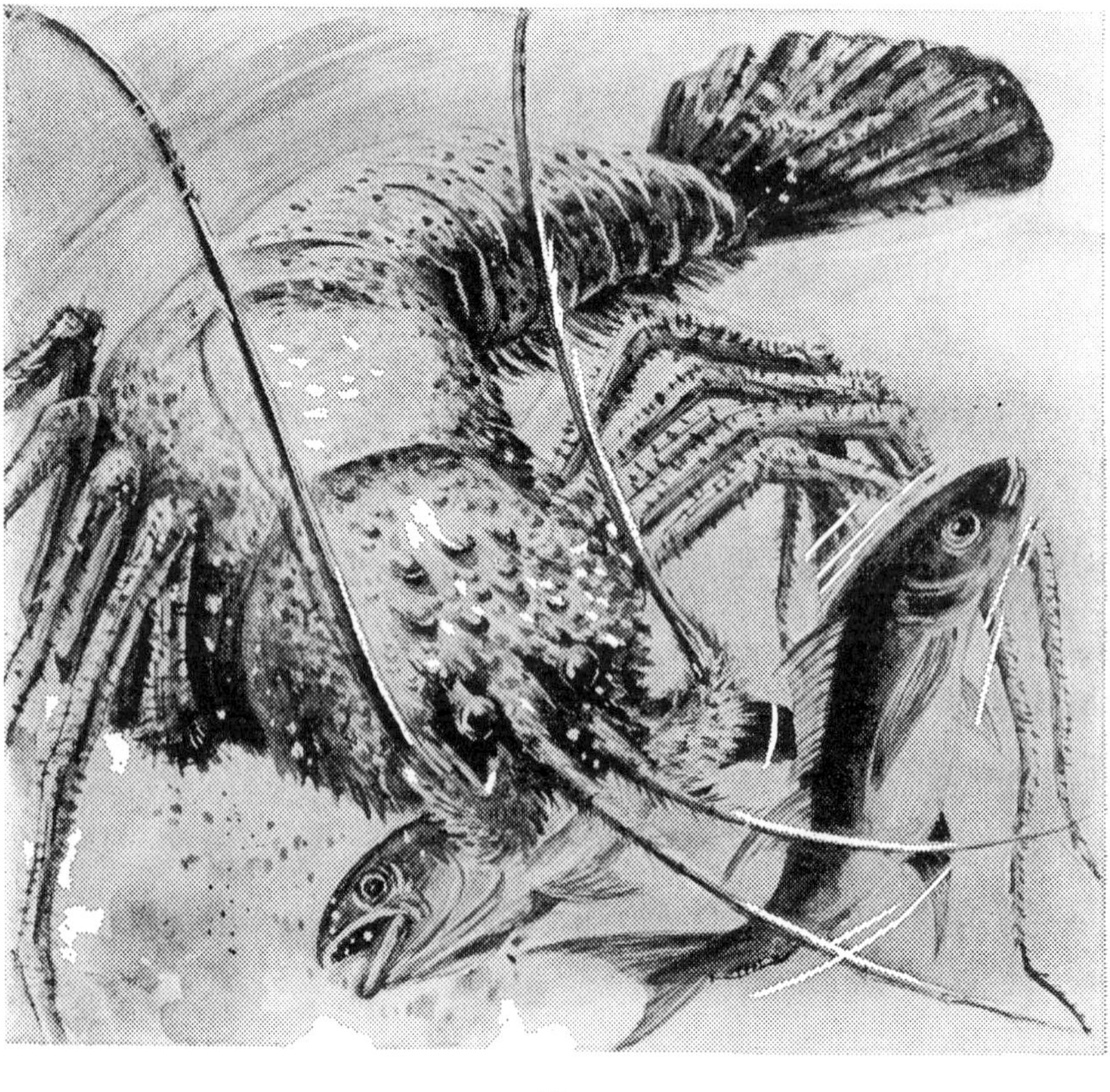

⑦大西洋《たいせいよう》のガラス海《うみ》ヘビのなぞ

一九六三年《ねん》八月《がつ》、アメリカのニュージャージ州《しゅう》の沖《おき》の大西《たいせい》洋上《ようじょう》を不思議《ふしぎ》な怪物《かいぶつ》がとおった。それは全長《ぜんちょう》十メートル以《い》上《じょう》、はば六十センチの長《なが》いひものような怪物《かいぶつ》だが、ガラスのように透明《とうめい》で、海《うみ》ヘビのようにくねくねとおよいでいた、という。怪物《かいぶつ》には目《め》や耳《みみ》があるのかどうか、わからなかった。アメリカの魚類研究《ぎょるいけんきゅう》センターで専門家《せんもんか》を動員《どういん》してしらべたが、正体《しょうたい》はわからない。

⑧オーストラリアの海《うみ》の怪奇獣《かいきじゅう》

一九六五年《ねん》二月《がつ》、オーストラリア東北部《とうほくぶ》のホイットサンデー島沖《とうおき》に、大《おお》きなナマズのような怪獣《かいじゅう》があらわれた。全長《ぜんちょう》は二十五メートル、直径《ちょっけい》一メートルもある大《おお》きな頭《あたま》をもち、こげ茶色《ちゃいろ》のしまもようがからだにあった。見《み》つけた船《ふね》が近《ちか》づくと沖《おき》へにげさった、という。オーストラリアの学者《がくしゃ》タルボット博士《はかせ》は、ウナギの化《ば》け物《もの》か、古代魚《こだいぎょ》シンブランキッドではないか、といっている。

⑨アフリカのカバ怪獣《かいじゅう》ルクワタ

アフリカの大湖《たいこ》ビクトリア湖《こ》には、いまでも怪獣《かいじゅう》がすんでいる、といわれる。この怪獣《かいじゅう》は大《おお》きさはライオンくらいだが、角《かく》ばった頭《あたま》をもち、その頭《あたま》の上《うえ》に長《なが》い二本《ほん》のつのがあり、からだ中《じゅう》にはヒョウのようなはん点《てん》がある。原住民《げんじゅうみん》はルクワタとよんでおそれているが、このカバのような姿《すがた》をした水中《すいちゅう》にすむ怪獣《かいじゅう》は、ときどき船《ふね》をおそってひっくりかえすという。

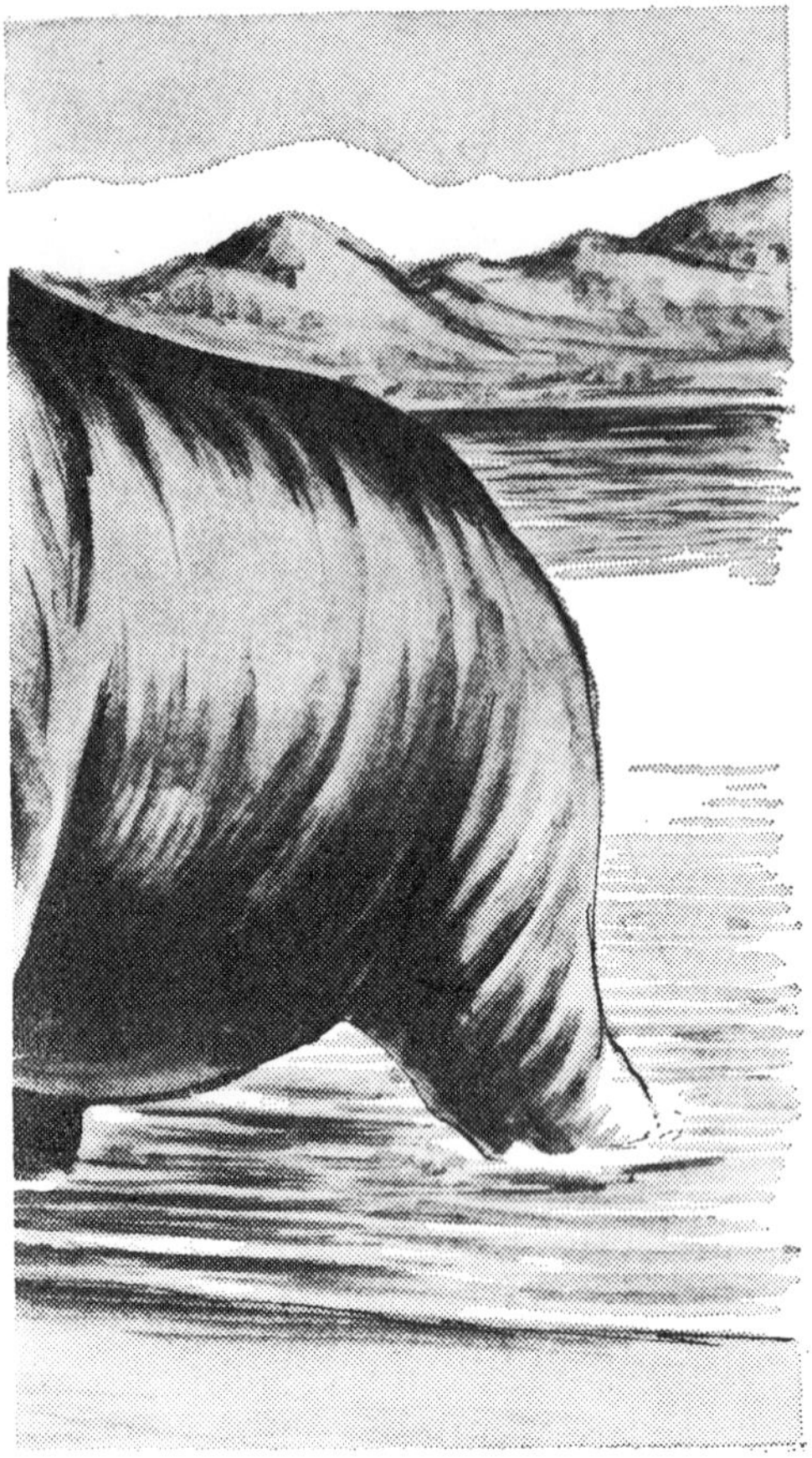

⑩アフリカに出現《しゅつげん》した 翼手竜《よくしゅりゅう》オリティアウ

イギリスのサンダースという動物学《どうぶつがく》者《しゃ》が、アフリカのカメルーンの山岳《さんがく》で見《み》たという大怪鳥《だいかいちょう》がある。全身《ぜんしん》がまっ黒《くろ》で、身長《しんちょう》一メートル五〇、長《なが》いくちばしに歯《は》があって、大《おお》むかしさかえたつばさ竜《りゅう》そっくりの怪鳥《かいちょう》だったという。原住民《げんじゅうみん》はオリティアウとよび、この鳥《とり》をおそれている。つばさ竜《りゅう》かどうか、正体《しょうたい》はまだわかっていない。

原住民《げんじゅうみん》の話《はなし》によると、ときどき姿《すがた》を現《あら》わすがまだ、人《ひと》におそいかかったことはないということだ。

⑪インドに出《で》た　イグアノドン怪竜《かいりゅう》

一九四八年《ねん》、インドのアッサム州《しゅう》アリパラ村《むら》に巨大《きょだい》な怪獣《かいじゅう》があらわれ、はしっている列車《れっしゃ》をまたいでとおり、大《おお》さわぎになった。

これは約《やく》七千万年前《せんまんねんまえ》にさかえたという恐竜《きょうりゅう》の一種《しゅ》のイグアノドンにそっくりだったといわれる。高《たか》さ六メートル、長《なが》さ三十メートルもある、立《た》ってあるく怪獣《かいじゅう》だった。しかし、人《ひと》には危《き》害《がい》をくわえなかった、ということだ。

⑫南《みなみ》アメリカの大怪魚《だいかいぎょ》
アマゾンのアラパイマ

南《みなみ》アメリカのブラジルのアマゾン川《がわ》には、かわった動物《どうぶつ》がすんでいる。アラパイマもその一種《しゅ》だが、長《なが》さ五メートル、重《おも》さ二百《ひゃく》キロもある世界《せかい》一の川《かわ》魚《うお》だ。この大怪魚《だいかいぎょ》はおよぎもうまく力《ちから》いっぱいはねると、水面《すいめん》の上《うえ》に二メートルもはねあがる。

小《ちい》さな舟《ふね》などは、一ぺんにひっくりかえしてしまうもので、銀色《ぎんいろ》のうろこ一枚《まい》が、そっくりくつべらに使《つか》えるほどだ。

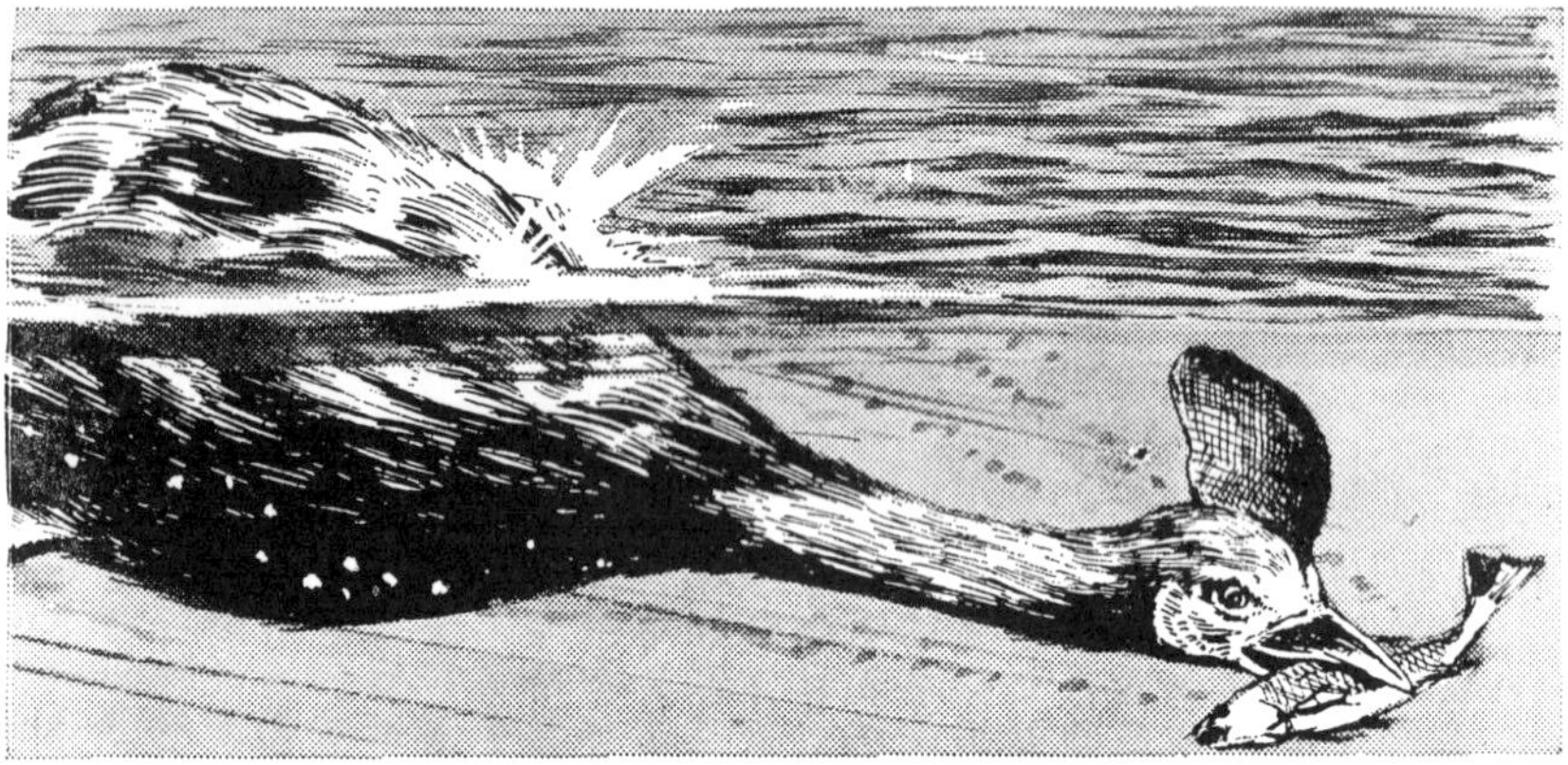

⑬フロリダ州《しゅう》に
空《そら》とぶ怪竜《かいりゅう》

一九六一年《ねん》一月《がつ》に、アメリカのフロリダ州《しゅう》の空中《くうちゅう》に、巨大《きょだい》な怪竜《かいりゅう》があらわれ、人々《ひとびと》を驚《おどろ》かしたが、それはつばさをひろげると十五メートルもある怪獣《かいじゅう》で、大《おお》きなくちばしをもっていたという。前世紀《ぜんせいき》の中生代《ちゅうせいだい》にさかえた翼手竜《よくしゅりゅう》の生《い》きのこりだといわれるが、どこにすんでいるか、不明《ふめい》だ。一九三一年《ねん》にアフリカのコンゴでも翼手竜《よくしゅりゅう》は発見《はっけん》されている。

⑭スコットランドの なぞの怪物《かいぶつ》

一九五三年《ねん》九月《がつ》、イギリスのスコットランドのガーバンの海岸《かいがん》に、巨大《きょだい》な怪獣《かいじゅう》の死《し》がいがうちあげられた。これは体長《たいちょう》が十メートル、首《くび》の長《なが》さが三メートルもあり、頭《あたま》はちいさく、四本《ほん》の足《あし》はふといゾウの足《あし》そっくりだった。イギリスの学者《がくしゃ》がしらべたところ、大《おお》むかしの海竜《かいりゅう》プレシオザウルスの一種《しゅ》だろうということになったが、この怪獣《かいじゅう》の死《し》がいがどこからきたのかは、いまでもまったくのなぞだ。

⑮ニューサウスウエールズの怪獣《かいじゅう》バンイップ

一九六〇年《ねん》十月《がつ》、イギリスのニューサウスウエールズ州《しゅう》のディンリッキー川《がわ》で、怪獣《かいじゅう》が発見《はっけん》された。頭《あたま》は火《ひ》くいドリににていて、耳《みみ》はたれさがっている。からだはダチョウのようだが、足《あし》は水《みず》かきのようでオットセイの足《あし》そっくり。大《おお》きさはウシほどある、伝説《でんせつ》にでてくるバンイップという怪獣《かいじゅう》と同《おな》じもの。しかし水上《すいじょう》をはね、水《みず》にもぐってすぐに逃《に》げてしまった。

⑯南《みなみ》アメリカのお化《ば》け大《だい》じゃ

南《みなみ》アメリカには、世界《せかい》一大《おお》きいといわれる大怪《だいかい》じゃアナコンダよりもっと大《おお》きいものがいる。一八四八年《ねん》、アマゾン川《がわ》の奥地《おくち》で、陸軍《りくぐん》の要《よう》さいにもぐりこんだおばけ大《だい》じゃを、機関銃《きかんじゅう》で五百発撃《ひゃっぱつう》ちこんでやっととしとめたが、その長《なが》さはなんと三十五メートルもあった。しかし、まだ奥地《おくち》には長《なが》さ百《ひゃく》メートル以上《いじょう》のウルトラ大《だい》じゃがすんでいる、といわれている。

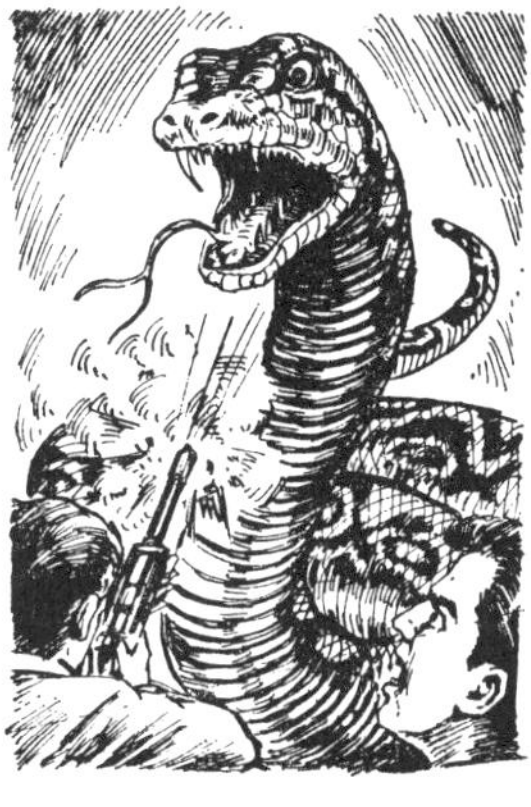

⑰ニュージーランドの三つ目怪獣《めかいじゅう》

　ニュージーランドには三つ目《め》の怪獣《かいじゅう》がいるが、これは二億年前《おくねんまえ》にさかえた大《おお》トカゲの子孫《しそん》。スフエノドンという怪獣《かいじゅう》で、大《おお》きいものは六十センチにもなる。頭《あたま》が大《おお》きく、背中《せなか》に一列《れつ》にとげがはえている大《おお》トカゲだが、もう一つふしぎなのは、二つの目《め》のほかにひたいのまん中《なか》にもう一つ目《め》があることだ。しかし、ひたいにある目《め》の方《ほう》はいまでは、ほとんどつかいものにならなくなっているという。

　もう一つおもしろいのは、ウミツバメとなかよしで、ウミツバメの巣《す》は一メートルくらいのトンネルをほって奥《おく》に作《つく》るが、その入《い》り口《ぐち》のとなりにこの三つ目怪獣《めかいじゅう》がかならず巣《す》を作《つく》ってすん

でいることだ。なぜ、なかがよいかわからないが、ほかの小動物《しょうどうぶつ》を食《た》べるくせにスフエノドンはウミツバメだけは食《た》べない。自然界《しぜんかい》には人間《にんげん》にはまだわからない、ふしぎなことが多《おお》いようだ。

⑱イタリアのコモ湖《こ》怪獣《かいじゅう》

イタリアで美《うつく》しさ第《だい》一といわれるコモ湖《こ》に怪獣《かいじゅう》があらわれて、人々《ひとびと》をおびやかしている。一九四七年《ねん》、ボートにのっていた青年《せいねん》が長《なが》さ約《やく》二十メートルもある怪物《かいぶつ》がおよいでいるのを見《み》つけたが、海底《かいてい》にすんでいるらしく背中《せなか》にはびっしりコケが生《は》えていた、という。イタリアの学者《がくしゃ》がしらべているが、前世紀《ぜんせいき》の海竜《かいりゅう》ではないかといわれている。

⑲ハワイの足《あし》のある怪魚《かいぎょ》

一九六四年《ねん》、ハワイ島《とう》のコナの沖《おき》あいで漁《りょう》をしていた船《ふね》が、奇怪《きかい》な魚《うお》をつりあげた。それはせびれもうろこもない怪魚《かいぎょ》で、からだの長《なが》さは一メートル、めずらしいモモ色《いろ》の皮膚《ひふ》をしていた。そのうえ、この魚《うお》には四本《ほん》の足《あし》まであって、足《あし》には五本《ほん》のゆびまでちゃんとついていたといわれる。

ハワイの学者《がくしゃ》がいましらべているが、正体《しょうたい》はまったくわからない。

⑳アメリカの人《ひと》くい雷鳥《らいちょう》

アメリカのアリゾナ州《しゅう》で、雷鳥《らいちょう》そっくりの怪鳥《かいちょう》が撃《う》ちおとされたが、はねをひろげると長《なが》さが十メートルにもなるという化《ば》け物《もの》。足《あし》は太《ふと》くするどいつめがあり、くちばしの中《なか》にはするどい歯《は》があった、という。アリゾナ州《しゅう》ではときどき怪鳥《かいちょう》に人《ひと》がおそわれてくい殺《ころ》されるという事件《じけん》がおきていたが犯人《はんにん》はこの人《ひと》くい雷鳥《らいちょう》ではないかといわれている。

㉑ブラジル沖《おき》の首長海竜《くびながかいりゅう》

一九〇五年《ねん》十二月《がつ》、イギリスのニコール博士《はかせ》が、ブラジルのパラヒバ沖《おき》でヨットで航海中《こうかいちゅう》、長《なが》さ二十メートル、首《くび》の長《なが》さ三メートルもある怪物《かいぶつ》がおよいでいるのを発見《はっけん》した。長《なが》い首《くび》を動《うご》かして海中《かいちゅう》の魚《うお》を食《た》べていたが、そのかっこうは前世紀《ぜんせいき》に海《うみ》であばれまわっていた首長海竜《くびながかいりゅう》エラスモザウルスそっくりだったといわれるが、正体《しょうたい》はいまだになぞだ。

㉒南《みなみ》アメリカの怪《かい》ミミズ

南《みなみ》アメリカのアマゾン川《がわ》のまわりは、人《ひと》のしらない原始林《げんしりん》の地帯《ちたい》だが、ここに怪物大《かいぶつおお》ミミズがすんでいる。これは長《なが》さ十メートル以上《いじょう》、太《ふと》さ一メートルもあるもので、土地《とち》の人《ひと》はミノカンとよんでおそれている。このミノカンがとおると、木《き》は折《お》れ、草《くさ》はちぎれてはげてしまい、ふきんの家《いえ》などはかたむいてしまうという。このミミズの正体《しょうたい》も、まだわかっていない。

㉓アマゾンの一つ目《め》怪獣《かいじゅう》

一九六五年《ねん》四月《がつ》、怪物《かいぶつ》のたくさんすむといわれる南米《なんべい》のアマゾン地方《ちほう》で、奇怪《きかい》な動物《どうぶつ》がとらえられた。四つ足《あし》でからだ中《じゅう》ちぢれた毛《け》で厚《あつ》くおおわれていて、皮《かわ》は堅《かた》くナイフでさしてもとおらないほどだ。しかも、顔《かお》のようすは人間《にんげん》かサルににていて、ひたいに一つ目《め》のある野牛《やぎゅう》のような怪獣《かいじゅう》だった。ブラジルの学者《がくしゃ》がしらべているが、まったくわからない。

㉔なぞの空《そら》とぶ怪獣《かいじゅう》ペガサス

アメリカのニュージャージイ州《しゅう》のいなかで怪物《かいぶつ》を見《み》たという報告《ほうこく》がはいっている。それはウマににた動物《どうぶつ》だが、二本《ほん》のつのをはやし、大《おお》きな羽《はね》をひろげて空《そら》をとび、ネコのような無気味《ぶきみ》な声《こえ》をたてていたという。これを見《み》た人《ひと》たちはたくさんいて、西洋《せいよう》の伝説《でんせつ》に出《で》てくるペガサスという怪獣《かいじゅう》そっくりだという。口《くち》から火《ひ》もはいていたという人《ひと》もいるのだ。

㉕アフリカの怪獣《かいじゅう》チペクウエ

南《みなみ》アフリカのアンゴラやローデシアの奥地《おくち》から中央《ちゅうおう》アフリカにしばしばあらわれ、原住民《げんじゅうみん》をふるえあがらせている大怪獣《だいかいじゅう》がいる。チペクウエとよばれる怪物《かいぶつ》で、全長《ぜんちょう》八メートルもあり、太《ふと》いつのをはなのさきにはやしている。肩《かた》には大《おお》きなうろこのようなひれがひろがり、全身《ぜんしん》をおおう皮《かわ》はとても堅《かた》い。よくサイなどをとらえて、ばりばりかみくだいて食《た》べているというし、重《おも》いしっぽをひきずったあとや、六十センチもある足《あし》あとも見《み》つかることがある、という。

アメリカの探検隊《たんけんたい》もこのチペクウエの姿《すがた》を見《み》たといわれるし、フランスの探検隊《たんけんたい》はコンゴの奥地《おくち》を調査中《ちょうさちゅう》、この怪獣《かいじゅう》におそわれて命《いのち》からがらにげかえった、ということだ。しかし、そのときのようすから、大《おお》むかしさかえた恐竜《きょうりゅう》の一種《しゅ》、つの竜《りゅう》のトリケラトプスの生《い》き残《のこ》りではないかといわれている。

㉖アルプスの怪物《かいぶつ》

タッツエルブルム

イタリアとスイスのさかいのアルプス山脈《さんみゃく》の中《なか》に不思議《ふしぎ》な怪物《かいぶつ》がすんでいる。タッツエルブルムとよばれる怪獣《かいじゅう》だが、大《おお》きさは一メートルあまり、ずんぐりとしてイモムシのような姿《すがた》で全《ぜん》身《しん》堅《かた》い皮《かわ》におおわれ、歯《は》はするどい。奇妙《きみょう》なことに、前足《まえあし》は二本《ほん》あるがあと足《あし》はない。トカゲの一種《しゅ》だろう、といわれるなぞの怪獣《かいじゅう》だ。

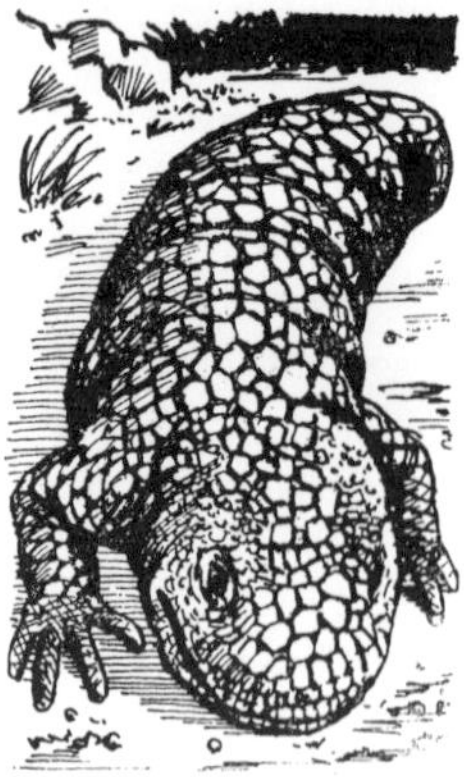

㉗スマトラに出現《しゅつげん》した

なぞの大怪獣《だいかいじゅう》

一九六五年《ねん》九月《がつ》、インドネシアのスマトラに大怪獣《だいかいじゅう》があらわれた。トバ湖《こ》という湖《みずうみ》で漁《りょう》をしていた人《ひと》が、水中《すいちゅう》からあらわれた怪《かい》獣《じゅう》を見《み》て、びっくりした。水《みず》の上《うえ》に出《で》ている半身《はんしん》だけでも十メートル以上《いじょう》あり、皮膚《ひふ》は青黒《あおぐろ》くぶつぶつとしていた。長《なが》い首《くび》をあげ、赤《あか》い口《くち》をあいたという。すぐに姿《すがた》を消《け》してしまったが、これは海《うみ》の恐《きょう》竜《りゅう》の生《い》きのこりだろう、といわれる。だが、いままでそんな怪獣《かいじゅう》をだれも見《み》たものがいないので、どうして急《きゅう》に姿《すがた》を現《あら》わしたのか、こんどはいつ現《あら》われるかと、土地《とち》の人《ひと》の大《おお》きな話題《わだい》になっている。

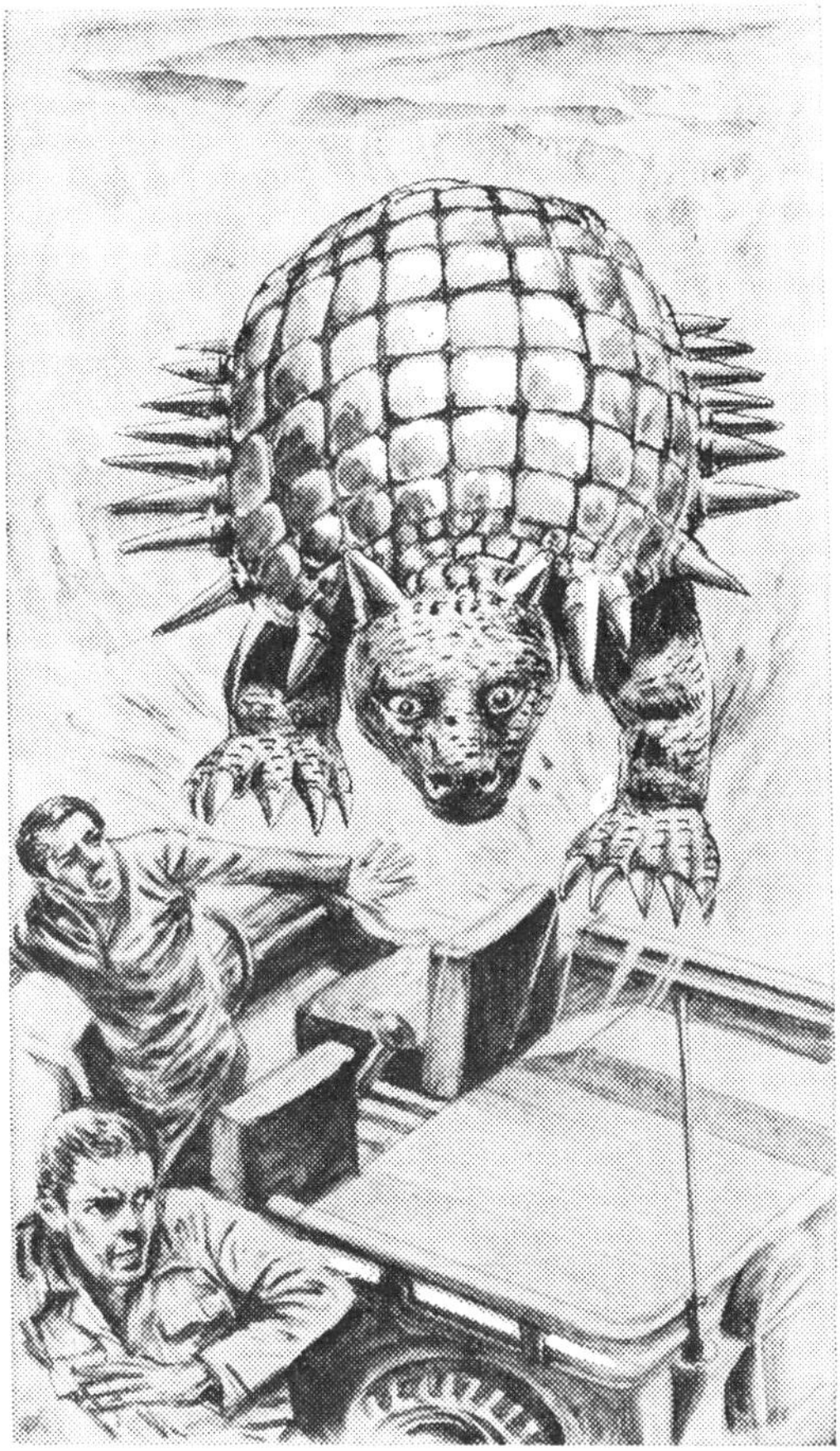

㉘自動車《じどうしゃ》を襲《おそ》うアフリカのよろい竜《りゅう》

南《みなみ》アフリカ連邦《れんぽう》のカツロー地方《ちほう》の砂漠《さばく》を、一九五四年《ねん》十一月《がつ》にヘールという人《ひと》が自動車《じどうしゃ》ではしっていると、全長《ぜんちょう》四メートルでからだ全体《ぜんたい》によろいのような堅《かた》いものをつけている怪獣《かいじゅう》においかけられ、やっと逃《に》げぬけた。ヘールの話《はなし》によってしらべたところ、数千万年前《すうせんまんねんまえ》に生《い》きていた、今《いま》のアルマジロの祖先《そせん》の怪物《かいぶつ》アンキロザウルスだろうということだ。

㉙世界《せかい》のなぞヒマラヤの雪男《ゆきおとこ》

世界《せかい》の屋根《やね》といわれるヒマラヤ山脈《さんみゃく》にあらわれる怪獣雪男《かいじゅうゆきおとこ》は、いまもって世界《せかい》のなぞだ。これは全身堅《ぜんしんかた》い毛《け》でおおわれた人間《にんげん》とゴリラの合《あ》いの子《こ》の怪《かい》物《ぶつ》で、立《た》ってあるき二〜三メートルもあるといわれる。いままでたくさんの人《ひと》がその姿《すがた》を見《み》たり、クマのように大《おお》きい足《あし》あとを発見《はっけん》しているが、つかまえられない。人間《にんげん》の祖先《そせん》の原人《げんじん》とも、とくべつなクマともいわれる。

㉚カナダの雪男《ゆきおとこ》怪獣《かいじゅう》

一九五五年《ねん》の十月《がつ》、カナダのコロンビア州《しゅう》にあるマイカ山《ざん》の近《ちか》くで、道路工事《どうろこうじ》に働《はたら》いていたローという人《ひと》が、森《もり》の中《なか》で怪物《かいぶつ》を見《み》つけた。

背《せ》の高《たか》さ約《やく》三メートル、胸《むね》のはば九十センチもあり、重《おも》さは百五十キロくらいありそうな巨大《きょだい》な人間《にんげん》かゴリラのようでからだ中《じゅう》には、こい茶色《ちゃいろ》の毛《け》が一面《めん》に生《は》えていた。足《あし》は太《ふと》く、足《あし》のさきはひれのように大《おお》きくひろがって十二〜三センチはあったという。顔《かお》も口《くち》や鼻《はな》や耳《みみ》をのこして毛《け》がもじゃもじゃ生《は》えていて、それは長《なが》くさがるほどだった。

ローがおどろいて銃《じゅう》を向《む》けたとき、その怪物《かいぶつ》は奇怪《きかい》な声《こえ》をあげると森《もり》の中《なか》ににげこんでしまった。あとでしらべると、大《おお》きな木《き》をへしおってあり、ものすごい力《ちから》もちとわかったが、どうやらヒマラヤの雪男《ゆきおとこ》とおなじなかまの怪物《かいぶつ》らしいという。ギガントピテクスという原始人《げんしじん》の子孫《しそん》ではないかと考《かんが》えられている。

㉛マレーのきば怪物人間獣《かいぶつにんげんじゅう》

一九五三年《ねん》の十二月《がつ》、マレーのトロラクで中国人《ちゅうごくじん》の女《おんな》の人《ひと》が怪物《かいぶつ》におそわれた。高《たか》さは一メートル八〇くらいのゴリラのような怪獣《かいじゅう》だが、口《くち》から二本《ほん》の長《なが》いきばを出《だ》していた。怪物《かいぶつ》は女《おんな》の人《ひと》をさらおうとしたが、人《ひと》がきたのでにげてしまった。

雪男《ゆきおとこ》のような人間《にんげん》の形《かたち》をした怪獣《かいじゅう》らしく、ときどき森《もり》からあらわれて人《ひと》をおそうが、まだつかまえられていない。

㉜シベリアの怪物人間獣《かいぶつにんげんじゅう》

一九四一年《ねん》十二月《がつ》、中央《ちゅうおう》シベリアでソ連陸軍《れんりくぐん》が怪物《かいぶつ》をつかまえた。それは、巨大《きょだい》なサルかゴリラのようで、身長《しんちょう》は二メートルあって立《た》ってあるく怪獣《かいじゅう》だ。おりにいれていろいろ食物《しょくもつ》をやったが、ぜんぜん食《た》べず、ついに死《し》んでしまった。あとでしらべてみたが、ゴリラでもなく、つかまえたところの名《な》をつけて、〝フニナクスクの雪男《ゆきおとこ》〟とよんだが、正体《しょうたい》はなぞだ。

ヒマラヤの雪男《ゆきおとこ》をはじめ、カナダ、マレー、シベリアなど地球上《ちきゅうじょう》のほとんどいたる所《ところ》で、雪男《ゆきおとこ》は発見《はっけん》されているが、まだ、はっきりしたことはわかっていない。

㉝海《うみ》の殺《ころ》し屋《や》の怪物《かいぶつ》大《おお》イカ

太平洋《たいへいよう》の深海《しんかい》には、クジラでさえ殺《ころ》してしまうおそろしい怪獣《かいじゅう》がいる。胴《どう》の長《なが》さだけでも三メートル、足《あし》の長《なが》さは十五メートルもある化《ば》け物《もの》のような大《おお》イカで、その目玉《めだま》は直径《ちょっけい》三十センチもあり、こんな大目玉《おおめだま》をもつ動物《どうぶつ》はほかにはない。この大《おお》イカの足《あし》の力《ちから》はとても強《つよ》く、サメなどは一度《ど》でしめ殺《ころ》し、クジラさえも足《あし》でしめあげて殺《ころ》してしまうのだ。

オーストラリアのある潜水夫《せんすいふ》が、南《みなみ》太平洋《たいへいよう》の海域《かいいき》で、最深《さいしん》の潜水《せんすい》レコードをつくろうとして、深海《しんかい》にいどんだとき、この怪物大《かいぶつおお》イカを発見《はっけん》した。この潜水夫《せんすいふ》の話《はなし》によると、怪物大《かいぶつおお》イカがさわっただけで、小《ちい》さい魚《うお》などは感電《かんでん》したように動《うご》かなくなってしまうという

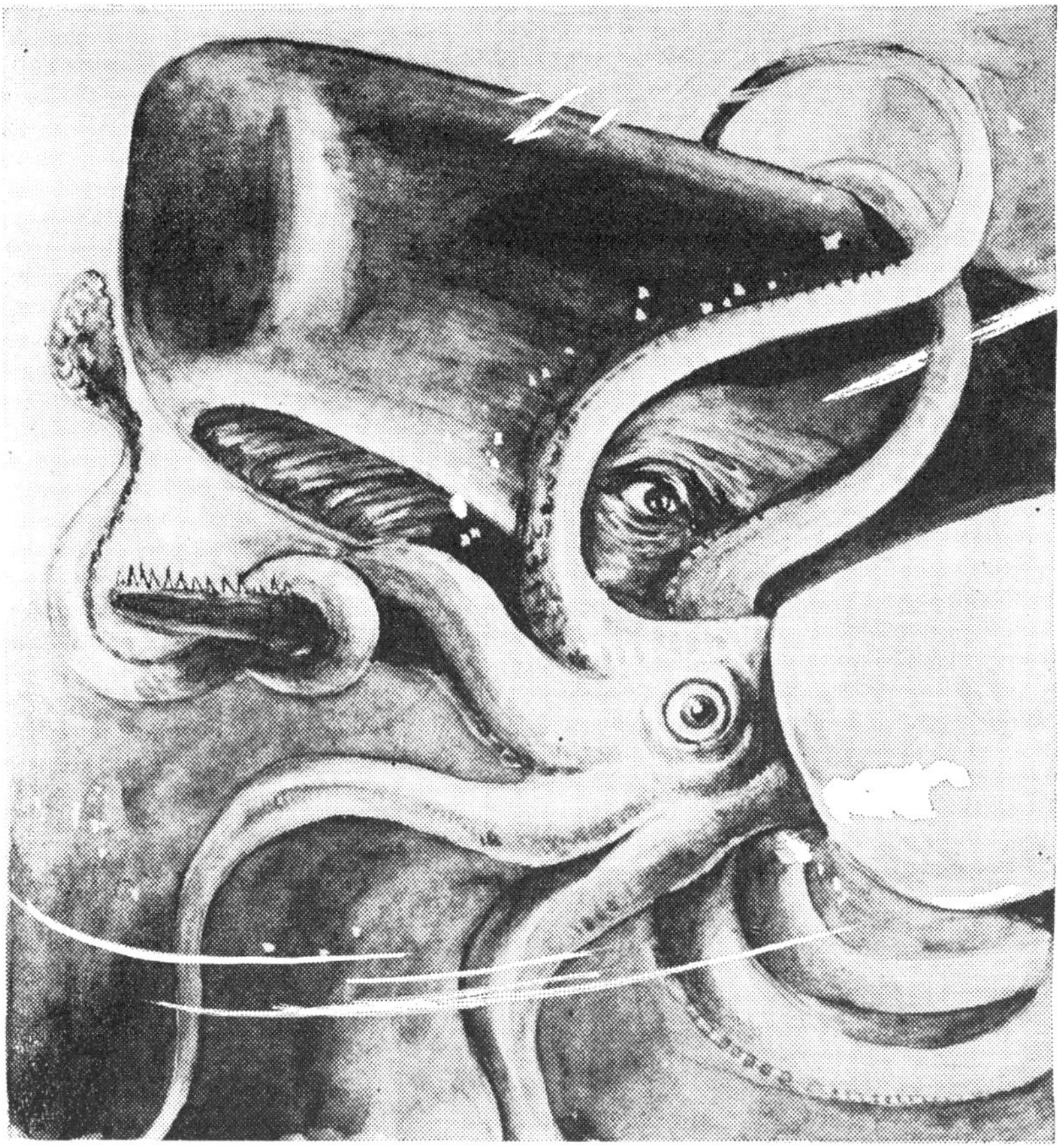

ことだ。危険《きけん》を感《かん》じた潜水夫《せんすいふ》はいそいでその場《ば》から立《た》ちさったが、水上《すいじょう》に浮《う》かびあがったときも、まだ、ふるえがとまらなかったそうだ。

深海《しんかい》には、いまだにいろんな怪物《かいぶつ》がすんでいるといわれている。この大《おお》イカのほかにも、想像《そうぞう》もできない巨大《きょだい》な怪獣《かいじゅう》がいっぱいいるのだ。

もっと科学《かがく》が進《すす》んで、どんな深海《しんかい》でも自由《じゆう》に探検《たんけん》できるようになれば、S《エス》F《エフ》怪獣《かいじゅう》よりもっとすごい怪獣《かいじゅう》が、つぎからつぎと発見《はっけん》されるだろう。

昔《むかし》から、海《うみ》のふしぎな話《はなし》がいろいろと伝《つた》えられているが、そのうち、いくつかは見《み》あやまりとか、まゆつばものがあるとしても、海《うみ》の調査《ちょうさ》がすすむにつれて、それがはっきりしたしょうことして発見《はっけん》されるものが、ぞくぞくとでてくることだろう。

㉞インド洋《よう》のお化《ば》けクラゲ

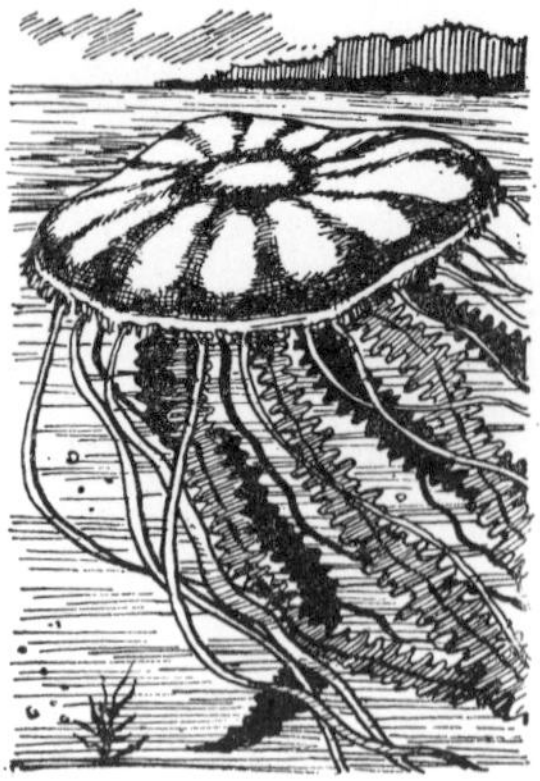

インド洋《よう》で船《ふな》のりをおどろかすのが、化《ば》け物《もの》のような大《おお》クラゲだ。ティオウクラゲといってかさの直径《ちょっけい》が三十メートルもあり、足《あし》の長《なが》さは九十メートルもある。この足《あし》にからみつかれたら命《いのち》はない。これがアフリカの海岸《かいがん》にうちあげられたことがあるが、人間《にんげん》が百人《ひゃくにん》がかりでも動《うご》かせず、トラクター五台《だい》でやっとひきずって動《うご》かしたという、あきれた怪物《かいぶつ》だ。

㉟船《ふね》をうちくだく鉄頭怪魚《てつあたまかいぎょ》

一九六四年《ねん》、オホーツク海《かい》でカニとりをしていたソ連《れん》の小型漁船《こがたぎょせん》が、とつぜん怪《あや》しい海《うみ》の生物《せいぶつ》におそわれて、船底《ふなぞこ》に穴《あな》をあけられて沈《しず》んでしまうという事《じ》件《けん》がおこった。海軍《かいぐん》の調査船《ちょうさせん》が急《きゅう》行《こう》したところ、長《なが》さ二メートル、全身堅《ぜんしんかた》いコウラのような皮膚《ひふ》におおわれ、かぶとのような頭《あたま》をもった怪魚《かいぎょ》がぶつかってきて、鉄《てつ》の船体《せんたい》にへこみをつくってにげた。鉄《てつ》より堅《かた》い怪魚《かいぎょ》とわかった。

㊱ヨハネスブルグの怪物《かいぶつ》ヘビ

南《みなみ》アフリカ連邦《れんぽう》のヨハネスブルグの近《ちか》くにおそろしい怪物《かいぶつ》があらわれ、大《おお》さわぎになっている。これは長《なが》さ六メートル以上《いじょう》、直径《ちょっけい》五十センチもあるというヘビのような怪獣《かいじゅう》だが、全身《ぜんしん》にするどくとがったとげが一面《めん》に生《は》えているのだ。そして頭《あたま》はコブラのようにひらたく、口《くち》は大《おお》きくとがった歯《は》がはえていたという。ヘビか、それとも、ほかの生物《せいぶつ》か、本当《ほんとう》はまだわからない。

㊲化《ば》け物《もの》エイのクラーケン

ノルウェーの近《ちか》くの海《うみ》にあらわれるという怪物《かいぶつ》クラーケンを、ふきんを通《とお》る漁船《ぎょせん》はみなおそれている。

これはまっ黒《くろ》い皮膚《ひふ》をした怪物《かいぶつ》で、大《おお》きさはなんと二キロ平方《へいほう》もあるという、エイにた海《うみ》の怪《かい》物《ぶつ》だ。しずむときは水平《すいへい》になったまますーっともぐるため、ものすごい大《おお》うずまきがおこり、ちいさい船《ふね》はまきこまれてしまうこともあるという化《ば》け物《もの》エイだ。

㊳アフリカに出《で》た六本《ぽん》足《あし》怪獣《かいじゅう》

アフリカのガーナで、一九六四年《ねん》の夏《なつ》、六本足《ぽんあし》の怪獣《かいじゅう》が人《にん》間《げん》をおそうというショッキングな事件《じけん》がおこった。三人《にん》のけいび兵《へい》が山道《やまみち》をジープではしっていると、大《おお》きな岩《いわ》がおちてきてジープをとめた。だが、それは岩《いわ》ではなく頭《あたま》の大《おお》きい丸《まる》い胴《どう》の怪獣《かいじゅう》で六本足《ぽんあし》をもっていた。そしてぎょろりと光《ひか》る大《おお》きな目《め》で兵士《へいし》をにらみ、口《くち》からガスをはいて兵士《へいし》たちをきぜつさせ、逃《に》げてしまった。

㊴生《い》きている化《ば》け物《もの》ガメ

二千万年前《せんまんねんまえ》さかえた大《おお》ガメの子孫《しそん》のゾウガメは、南米《なんべい》ガラパゴス島《とう》に生《い》きているが、長《なが》さ二メートルもある。しかし、一九〇二年《ねん》十月《がつ》、アフリカのガーナの沖《おき》でイギリス船《せん》サルスベリー号《ごう》は長《なが》さ百《ひゃく》八十メートルもある巨大《きょだい》な大《おお》ガメを発見《はっけん》した。大《おお》ガメは船《ふね》を見《み》てすぐにしずんでしまったが、そのとき、つなみのような大波《おおなみ》がおきて、船《ふね》はくつがえりそうになったという。

㊵マダガスカル島《とう》は恐竜《きょうりゅう》のかくれ家《が》？

アフリカ東岸沖《とうがんおき》のマダガスカル島《とう》では、前世紀《ぜんせいき》にいた生物《せいぶつ》の化石《かせき》がよく発見《はっけん》される。一九六一年《ねん》と六二年《ねん》には、数千万《すうせんまん》年前《ねんまえ》の恐竜《きょうりゅう》の化石《かせき》が、いくつも発見《はっけん》された。しかし、化石《かせき》ばかりではなく、奥地《おくち》の原始林《げんしりん》の中《なか》で、原住民《げんじゅうみん》が巨大《きょだい》な怪獣《かいじゅう》を見《み》た、という。イギリスの探検隊《たんけんたい》も恐竜《きょうりゅう》らしい足《あし》あとを発見《はっけん》し、ここが恐竜《きょうりゅう》のかくれ家《が》かも知《し》れないといっている。

㊶コモド島《とう》の大《おお》トカゲ

東南《とうなん》アジアのコモド島《とう》やフロレス島《とう》には巨大《きょだい》なトカゲがすんでいる。

コモド竜《りゅう》とよばれる大《おお》トカゲで三メートルもあるのもいて、体重《たいじゅう》は七十五キロ以上《いじょう》もある。野生《やせい》の子《こ》ジカやブタをおそって食《た》べて生《い》きている肉食《にくしょく》のどうもうな怪獣《かいじゅう》で、ときにはなかまどうしであらそい、くい殺《ころ》す。大《おお》むかしさかえた肉食《にくしょく》恐竜《きょうりゅう》の子孫《しそん》だ。

㊷生《い》きているか？巨《きょ》ゾウマンモス

一九一八年《ねん》、シベリアの奥地《おくち》の大森林地帯《だいしんりんちたい》で、はば六十センチもある巨大《きょだい》な足《あし》あとが発見《はっけん》された。漁師《りょうし》がそれをたどっていったところ、マンモスゾウのような怪物《かいぶつ》を発見《はっけん》、おどろいてにげ帰《かえ》った。

一九四八年《ねん》になって、その場所《ばしょ》の近《ちか》くでわりあいに新《あたら》しいマンモスゾウの死《し》体《たい》が発見《はっけん》され、まだほかになかまが生《い》きているらしい、といわれている。

㊹海《うみ》の怪物《かいぶつ》イトマキエイ

海《うみ》にすむエイはふつうはば五メートルくらいのものだが、南太平洋《みなみたいへいよう》には化《ば》け物《もの》のようなエイがいる。それは十メートルもある大《おお》きなもので重《おも》さは一トンをこえるという。大《おお》きな耳《みみ》のような頭《あたま》びれと、長《なが》い大《おお》きいひれをもち、海上《かいじょう》をはねてマグロなどをおいつめて食《た》べてしまうものだ。これが十数《すう》ひきもむれをなしておそうと、漁船《ぎょせん》もひっくりかえされてしまう。

㊺アメリカのなぞの怪人獣《かいじんじゅう》

一九五八年《ねん》の夏《なつ》、アメリカのカリフォルニア州《しゅう》の北《きた》の森林《しんりん》地帯《ちたい》で巨大《きょだい》な足《あし》あとが見《み》つかった。

しかもその足《あし》あとの間《かん》かくは二メートル近《ちか》くあって、それから計算《けいさん》すると、二メートル五〇くらいある、立《た》ってあるく動物《どうぶつ》だとわかった。

そのあと、全身《ぜんしん》が毛《け》におおわれた人間《にんげん》のような怪獣《かいじゅう》を見《み》た人《ひと》もあり、カリフォルニアに雪男《ゆきおとこ》のような怪獣《かいじゅう》がいるらしいということになった。

㊸マダガスカルの大怪鳥《だいかいちょう》

アラビアンナイトの物語《ものがたり》に、ゾウをつかみあげる大怪鳥《だいかいちょう》が出《で》てくる。こんな怪鳥《かいちょう》が、十八世紀《せいき》まで、アフリカの東《ひがし》のマダガスカル島《とう》にいたらしいという。一八五一年《ねん》に、骨《ほね》とたまごが発見《はっけん》されたが、羽《はね》をひろげると五メートルもあったものと骨《ほね》でわかった。たまごはダチョウのものの八倍《ばい》もある大《おお》きさで、七十人分《にんぶん》のオムレツがつくれたのだ。

㊻カリフォルニアの人《ひと》くいエビ

アメリカのカリフォルニア州《しゅう》の沖《おき》に、三年前《ねんまえ》に巨大《きょだい》なエビがあらわれ、人《ひと》をくい殺《ころ》した。アメリカの写真家《しゃしんか》が友人《ゆうじん》と海中撮影《かいちゅうさつえい》をしているとき、十メートルもある化《ば》け物《もの》エビがあらわれておそいかかり、写真家《しゃしんか》の友人《ゆうじん》をくい殺《ころ》してしまった。そのしっぽの力《ちから》は強《つよ》く近《ちか》づいたボートを一撃《げき》でまっぷたつにわってしまったという、おそるべき怪物《かいぶつ》だ。

㊼インド洋《よう》の魔物《まもの》ハマグリ

インドの近《ちか》くの海中《かいちゅう》には、化《ば》け物《もの》のようなハマグリがいて、水中《すいちゅう》にはいってきて近《ちか》づく人間《にんげん》や魚《うお》をパクリとくわえてしまう。直径《ちょっけい》二メートル、重《おも》さ三百《びゃく》キロもあって、人間《にんげん》がうっかり手足《てあし》をいれると、パックリとふたをとじ、かみ切《き》ってしまうほどだ。このためにたくさんの人《ひと》が死《し》んで、インドの人《ひと》たちは人《ひと》くいハマグリとよんでおそれている。

㊽アマゾンの怪物《かいぶつ》
空飛《そらと》ぶ大《だい》じゃ

南《みなみ》アメリカのアマゾンの奥地《おくち》ではいまでも怪獣《かいじゅう》や怪《かい》植物《しょくぶつ》がたくさん発見《はっけん》されるが、数年前《すうねんまえ》、奇怪《きかい》な空《そら》とぶヘビが見《み》つかった。

その長《なが》さは三メートルで、とがった頭《あたま》とするどいくちばしをもち、コウモリのような翼《つばさ》をもつ怪物《かいぶつ》だった。

これが高《たか》い木《き》から水中《すいちゅう》にまいおり、魚《うお》をくわえてとび出《だ》し、ジャングルの上《うえ》へとんでいった、という。

正体《しょうたい》のわからない怪大《かいだい》じゃだ。

㊾南極《なんきょく》で見《み》たゴジラ怪獣《かいじゅう》

一九五八年《ねん》、日本《にっぽん》の南極観測船《なんきょくかんそくせん》「宗谷《そうや》」が南氷洋《なんぴょうよう》をすすんでいるとき、船長《せんちょう》が海中《かいちゅう》からあらわれた怪物《かいぶつ》を見《み》つけた。

それは、高《たか》さ十五メートルもあり、おそろしい顔《かお》をした恐竜《きょうりゅう》そっくりで、映画《えいが》のゴジラのような怪獣《かいじゅう》であったという。写真《しゃしん》をとろうとしてピントを合《あ》わせている間《ま》に、氷《こおり》の海《うみ》にしずんで逃《に》げさってしまったが、南極《なんきょく》の海《うみ》に生《い》きのこる海竜《かいりゅう》の一種《しゅ》ではないかといわれている。SF《エスエフ》怪獣《かいじゅう》の人気者《にんきもの》ゴジラが実在《じつざい》していたとは、おもしろいニュースだ。

㊿イギリス軍艦《ぐんかん》の出会《であ》った海《うみ》の怪物《かいぶつ》

一八四八年《ねん》八月《がつ》、イギリスの軍艦《ぐんかん》デイダラスがアフリカの南《みなみ》のはしを航海《こうかい》しているとき、乗組員《のりくみいん》が艦《かん》に向《む》かってくる怪物《かいぶつ》を見《み》つけた。色《いろ》は茶《ちゃ》かっ色《しょく》でヘビのような頭《あたま》を水中《すいちゅう》から出《だ》し、時速《じそく》二十キロくらいの速《はや》さで進《すす》んできて、艦《かん》とすれちがっておよぎさった、という。海《うみ》のものようなものが背中《せなか》にたれさがっていたという。

水《みず》の上《うえ》にあらわれていた胴体《どうたい》の長《なが》さだけでも二十メートルはあったそうだ。

そして同《おな》じ年《とし》の十二月《がつ》、やはりイギリスのアムフユリ号《ごう》が同《おな》じ場所《ばしょ》で怪物《かいぶつ》を見《み》ている。それは長《なが》さ二十五メートル以上《いじょう》、すべすべした皮膚《ひふ》で、背中《せなか》に六メートルばかりのあいだに、なん枚《まい》かのひれがついていて、胴《どう》の太《ふと》さは大《おお》きなクジラほどあった。この怪物《かいぶつ》は口《くち》をあけたり、しめたりしていたが、二メートルもある大《おお》きな口《くち》で歯《は》がいっぱいに生《は》え、首《くび》の感《かん》じはアナゴににていたという。

51 グリーンランドの大海獣《だいかいじゅう》

一七三四年《ねん》七月《がつ》、ハンス・エゲデというノルウェー人《じん》がグリーンランド沖《おき》で怪獣《かいじゅう》を見《み》た。その怪獣《かいじゅう》は首《くび》をのばすと船《ふね》のマストのてっぺんにとどくほど大《おお》きく、長《なが》いとがったくちばしをもち、からだは堅《かた》い皮膚《ひふ》におおわれて二つの大《おお》きいひれがあり、長《なが》いしっぽは船《ふね》よりも長《なが》かった、という。

そして、一七四六年《ねん》八月《がつ》、ノルウェー沿岸《えんがん》で海軍軍人《かいぐんぐんじん》のフェリーが、やはりこの怪物《かいぶつ》を見《み》ている。

そこでアメリカの学者《がくしゃ》がしらべたところ、ほかにも、たくさんの人《ひと》が見《み》ていて、それによると、この海《うみ》の怪獣《かいじゅう》の長《なが》さは三十メートルくらい、頭《あたま》はカメのように角《かく》ばっていて大《おお》きなひれをもち、頭《あたま》から尾《お》までいくつものふしがついていて、それがこぶのように見《み》えるという。

そしておよぐのもなかなか速《はや》く、時速《じそく》五十キロくらい。

銃《じゅう》で撃《う》っても弾丸《だんがん》をはねかえした、ということだ。

㉜南《みなみ》アメリカの巨大怪《きょだいかい》じゃ

一九三〇年《ねん》九月《がつ》、ブラジルのペンハという人《ひと》がイグアラペ川《がわ》でカメの卵《たまご》をさがしているとき、大《おお》きな浮《う》き島《しま》を見《み》つけた。五百《ひゃく》トンくらいの船《ふね》と同《おな》じ大《おお》きさのものだったが、急《きゅう》に大《おお》きなサーチライトのような光《ひかり》が二つ見《み》え、その浮《う》き島《しま》がうごき出《だ》した。よく見《み》ると、それは島《しま》ではなく、数百《すうひゃく》メートルもある大怪《だいかい》じゃで、光《ひか》ったのは、その大《だい》じゃの目《め》だったという。おそろしい南米《なんべい》の怪物《かいぶつ》だ。

㉝前世紀《ぜんせいき》の怪魚《かいぎょ》シーラカンス

アフリカの沖《おき》で、数千万年前《すうせんまんねんまえ》さかえた怪魚《かいぎょ》シーラカンスが七〜八ぴきも、つかまっている。長《なが》さ一メートル五〇以上《いじょう》、全身《ぜんしん》を堅《かた》いうろこが三重《じゅう》におおって、四本《ほん》の胸《むね》のひれと、四本《ほん》の小《ちい》さい足《あし》がついている奇《き》怪《かい》な魚《うお》だ。からだはぬるぬるした油《あぶら》のようなものでおおわれていて、捕《とら》えにくいし、水中《すいちゅう》モリもすべってとおらない。そのうえ、すごくくさいにおいがするということだ。

㉞貨物船《かもつせん》をおそった　ハワイの怪獣《かいじゅう》

一九三一年《ねん》、ハワイの近《ちか》くの太平洋《たいへいよう》上《じょう》を航海《こうかい》していたアメリカの貨物船《かもつせん》カレドニア号《ごう》が巨大《きょだい》な怪物《かいぶつ》におそわれた。全長約《ぜんちょうやく》二十メートルのカメとトカゲの合《あ》いの子《こ》のような怪獣《かいじゅう》で、水《みず》の中《なか》から甲板《かんぱん》にとびあがると、見《み》はりをしていた水夫《すいふ》を口《くち》でパックリとくわえ、そのまま海《うみ》の中《なか》ににげさってしまった。その水夫《すいふ》のゆくえも怪物《かいぶつ》の正体《しょうたい》もわからない。

㊺カリブ海《かい》の化《ば》け物《もの》ザメ

ふつうのサメは二〜二メートル五〇くらいだが、大《たい》西洋《せいよう》のカリブ海《かい》には全長《ぜんちょう》六メートル、胴《どう》まわり二メートル五〇もある化《ば》け物大《ものおお》ザメがいて、ときどき人間《にんげん》もおそわれる。このサメの口《くち》の力《ちから》は強《つよ》く、鉄《てつ》のワイヤーくらいはかみ切《き》ってしまうほどで、人間《にんげん》などガブリとやられれば足《あし》はひとかみでちぎれてしまうという。おそろしい怪物《かいぶつ》だが、夜《よる》でないとあまり出《で》てこない。

㊻南米《なんべい》に生《い》きている怪猿人《かいえんじん》

南《みなみ》アメリカのベネズエラやコロンビアの奥地《おくち》には、サルとも人間《にんげん》の祖先《そせん》ともつかない怪獣《かいじゅう》がすんでいるという。

一九一一年《ねん》にロイスというスイスの地《ち》質学者《しつがくしゃ》がマラカイボ湖《こ》のちかくのジャングルで怪獣《かいじゅう》におそわれ、それを撃《う》ち殺《ころ》した。二メートルもある怪物《かいぶつ》でゴリラでも類人猿《るいじんえん》でもないふしぎな獣《けもの》だった。一九一八年《ねん》にはイタリアの探検隊《たんけんたい》がベネズエラからイギリス領《りょう》ギアナをあるいているとき、二ひきの怪獣《かいじゅう》におそわれたが、これも怪猿人《かいえんじん》らしい。

57 ビルマの超怪力《ちょうかいりき》トカゲ

一九六四年《ねん》十二月《がつ》、ビルマのトウランに怪物《かいぶつ》トカゲがあらわれて、人々《ひとびと》をふるえあがらせた。二ひきの水牛《すいぎゅう》をしっぽで空中《くうちゅう》にはねとばして殺《ころ》し、うっかり近《ちか》よった農夫《のうふ》もはねとばされて気《き》ぜつしてしまった。

長《なが》さはわずか五十センチくらいだがおそろしい力《ちから》のあるしっぽをもつトカゲの怪物《かいぶつ》で、いまだにつかまってはいない。

㊽ゼリーのようなドーナツ怪生物《かいせいぶつ》

一九六二年《ねん》の七月《がつ》、アメリカの五大《だい》湖《こ》の一つエリー湖《こ》で、ふしぎな生物《せいぶつ》が発見《はっけん》された。直径《ちょっけい》五十センチくらいのドーナツのような形《かたち》をしたもので、色《いろ》は茶《ちゃ》かっ色《しょく》で、灰色《はいいろ》のはん点《てん》が一面《めん》にあり、ドーナツの輪《わ》の中《なか》にはうすい膜《まく》がはっていた。ゼリーのようにぶわぶわしていて、あみですくいあげるとぶつぶつとちぎれ、あみの目《め》からおちてにげてしまった。

㊾マライの大《おお》ニシキヘビ

マライ半島《はんとう》のジャングル地帯《ちたい》にすむ巨大《きょだい》なニシキヘビは、全長《ぜんちょう》十一メートルもあり、かくじつにしられているヘビのなかでは地上最《ちじょうさい》大《だい》のものだ。このニシキヘビはおもしろいことに大《おお》きなものをのみこむとき、あごの骨《ほね》をはずして、じぶんの口《くち》より大《おお》きいものをものむことができる。だから、トラでも大《おお》ジカでも、まるごとのんでしまう怪物《かいぶつ》ヘビだ。

㊿ガラパゴスの大《おお》トカゲ

南《みなみ》アメリカのペルー沖《おき》のガラパゴス島《とう》はふしぎな生物《せいぶつ》がたくさんすんでいるが、その一つが巨大《きょだい》なトカゲのイグアナだ。これは恐竜《きょうりゅう》の子孫《しそん》で、長《なが》さ一メートル五〇もあるが、ふだんはとてもおとなしく、人間《にんげん》が近《ちか》よってもおそってはこない。しかし、卵《たまご》をうむ時期《じき》になると安全《あんぜん》に卵《たまご》をうむ場所《ばしょ》をうばいあって、仲間《なかま》どうしでものすごいあらそいを行《おこ》なうものだ。

⑥1 日本《にっぽん》にもいる海《うみ》の怪物《かいぶつ》

メッソウ

日本《にっぽん》にも海《うみ》の怪物《かいぶつ》がいて、漁船《ぎょせん》をこわがらせている。これは瀬戸内海《せとないかい》の海底《てい》にすんでいるといわれるウミヘビ怪獣《かいじゅう》。この怪物《かいぶつ》は、とても長《なが》いので、地方《ちほう》の人《ひと》はめっそうもなく長《なが》いというところからメッソウと名付《なづ》けられたもの。この怪物《かいぶつ》が船《ふね》をのりこそうとして船《ふな》べりをこすると、からだのあぶらが船《ふね》にたれてたまり、その重《おも》みで船《ふね》はしずむといわれるほどだ。

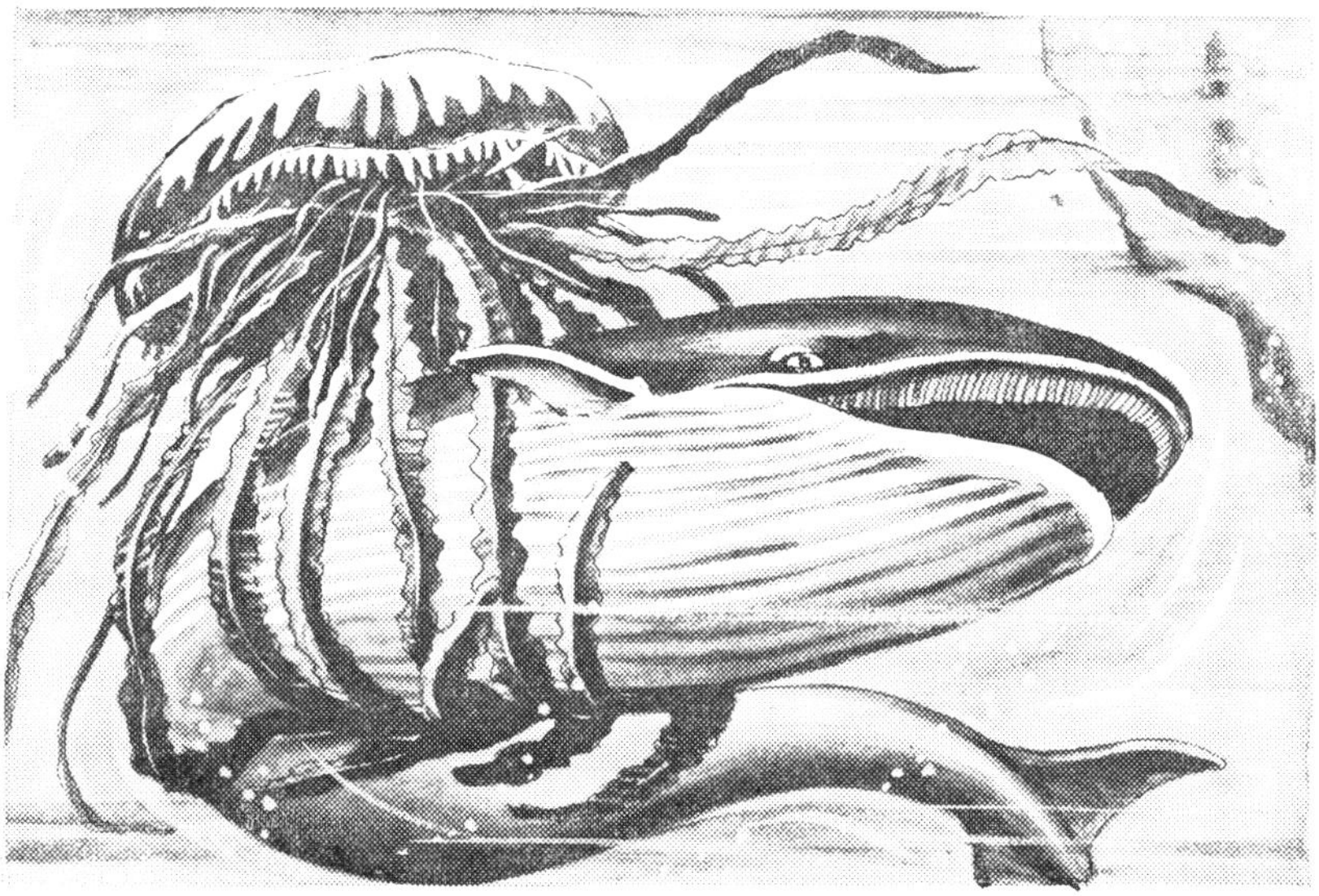

⑥2 北極海《ほっきょくかい》の化《ば》け物《もの》クラゲ

氷山《ひょうざん》の流《なが》れる北極海《ほっきょくかい》には、まだしられていない怪物《かいぶつ》がいるともいわれるが、二年《ねん》ほど前《まえ》、漁船《ぎょせん》がおそわれたというお化《ば》けクラゲもその一つだ。

カサの直径《ちょっけい》が三メートル、足《あし》の長《なが》さが四十メートルをこすが、この足《あし》には毒《どく》を出《だ》すとげがいっぱいにはえている。緑《みどり》がかった色《いろ》をしていて夜《よる》は光《ひかり》を発《はっ》する。クジラでもアザラシでも、このクラゲにおそわれたら、ひとたまりもなくやられるそうだ。

⑥③三重県《みえけん》の化《ば》け物《もの》ダコ

日本《にっぽん》の三重県《みえけん》の海岸《かいがん》に出現《しゅつげん》して人々《ひとびと》をおどろかせたのが怪物《かいぶつ》ダコ。大《おお》きさはそれほど大《おお》きくはないが、ふつうのタコには八本《ほん》しかない足《あし》が、なんと五十六本《ほん》もついて、もぞもぞと動《うご》いていた。とらえた漁師《りょうし》は海《うみ》の化《ば》け物《もの》だときみわるがったものだが、世界《せかい》でもまだ発見《はっけん》されたことのないかわりだね。東《とう》京《きょう》の科学博物館《かがくはくぶつかん》では、これを標本《ひょうほん》にして保存《ほぞん》している。

⑥④ゾウのような怪魚《かいぎょ》
エレファントノーズ

アフリカのナイル川《がわ》には奇怪《きかい》な魚《うお》がすんでいる。頭《あたま》が鼻《はな》のさきから長《なが》くのびて、ゾウの鼻《はな》のように下《した》にむけて曲《ま》がっているという怪物《かいぶつ》だが、エレファントノーズとよばれている。体長《たいちょう》は一メートルもあり、ちいさなひれとからだをくねらすことで、たくみにおよぐ魚《うお》だ。

このゾウのような鼻《はな》を水《すい》底《てい》の砂《すな》の中《なか》につっこみ、ミミズなどをとらえて食《た》べるのだ。大昔《おおむかし》の魚《うお》の生《い》きのこりだろうといわれている。

⑥⑤いまも生《い》きている前世紀《ぜんせいき》の怪獣《かいじゅう》たち

ネス湖《こ》の怪物《かいぶつ》をはじめ、正体《しょうたい》のつかめない怪獣《かいじゅう》はたくさん発見《はっけん》されて、世界《せかい》の人々《ひとびと》をさわがしているが、本当《ほんとう》の前世紀《ぜんせいき》の怪獣《かいじゅう》の子孫《しそん》でいまもちゃんと生《い》きつづけている怪物《かいぶつ》たちがいるのだ。たとえば、

(1)南《みなみ》アメリカにすんでいる、からだ中《じゅう》によろいのような皮《ひ》膚《ふ》をもつアルマジロは、二千万年前《せんまんねんまえ》にさかえた大《おお》アリクイのなかまだ。

(2)日本《にっぽん》の瀬戸内海《せとないかい》にすんでいるカブトガニは世界《せかい》でもめずらしい二億年前《おくねんまえ》さかえた水中生物《すいちゅうせいぶつ》の子孫《しそん》。いまでも堅《かた》い長《なが》さ三十五センチのこうらをせおっておよいでいる。

(3)オーストラリアにすむカモノハシは、けもののなかまなのに、おなかで子《こ》をそだてないで、卵《たまご》でうむ。一億年前《おくねんまえ》さかえたものの子孫《しそん》だ。

(4)アフリカのリベリア地方《ちほう》にすむ、大《おお》きさはブタくらいのコビトカバは、じつは五千万年前《せんまんねんまえ》の大《おお》むかしのカバの子孫《しそん》。

(5)日本《にっぽん》の山地《さんち》にだけすむ、長《なが》さ一メートルのオオサンショウウオは、三億年前《おくねんまえ》にさかえた両《りょう》せい類《るい》の生《い》きのこりだ。水《みず》の中《なか》にもすめ、陸《りく》をもあらしまわった怪物《かいぶつ》のなかまだ。

(6)日本《にっぽん》の近海《きんかい》におよぐミツクリザメは長《なが》さ五メートルもあるどうもうな怪物《かいぶつ》。これが実《じつ》は一億年前《おくねんまえ》に海中《かいちゅう》をあばれまわった大《おお》むかしのサメの子孫《しそん》。

このほか、ニュージーランドやガラパゴス、コモド島《とう》などのトカゲは恐竜《きょうりゅう》の子孫《しそん》だ。

⑥⑥中国《ちゅうごく》であばれた怪《かい》こん虫《ちゅう》

一九六五年《ねん》十月《がつ》、中国《ちゅうごく》の雲南省《うんなんしょう》のジャングルで李世新《りせいしん》という人《ひと》が怪物《かいぶつ》におそわれた。それは四十センチ以上《いじょう》もあるカマキリそっくりの巨大《きょだい》なこん虫《ちゅう》で、四〜五ひきでおそいかかり十センチもある大《おお》きなはさみをふり立《た》てて、李《り》さんの足《あし》をがぶりとはさんで、ひどいきずをつけたという。李《り》さんがあばれると、やっとはなして密林《みつりん》の中《なか》に消《き》えたという。

⑰ 石川県《いしかわけん》でとらえた日本海《にほんかい》の怪魚《かいぎょ》

一九六四年《ねん》九月《がつ》。石川県《いしかわけん》に怪魚《かいぎょ》があらわれ、大《おお》さわぎになった。七尾湾《ななおわん》であみ漁《りょう》をしていた漁《りょう》師《し》がとらえたもので、長《なが》さ四メートル、胴《どう》まわりは三メートル、重《おも》さ約《やく》五百《ひゃっ》キロという怪物《かいぶつ》。あたまはマッコウクジラを平《たい》らにしたようで、目《め》はわずか直径《ちょっけい》一センチのちいさいもの。おまけに歯《は》が一本《ぽん》もなく、口《くち》だけが大《おお》きい。

そして、ひれや尾《お》はイルカのように大《おお》きくおよぎよい形《かたち》だが、皮《かわ》はサメのようにざらざらしているうえ、頭《あたま》からからだじゅうにかけて、白《しろ》いへんなまだらがいっぱいにある。見《み》ているだけで気持《きも》ちのわるくなる海《うみ》の怪物《かいぶつ》だ。あみでひきあげた漁師《りょうし》は、海《うみ》の化《ば》け物《もの》ではないか、とゾッとしたという。

いろいろしらべたがよくわからず、深《ふか》い海中《かいちゅう》にすむ怪魚《かいぎょ》で、えさをおいかけて日本海《にほんかい》にまぎれこんだのだろう、といわれる。

2.

生《い》きていた怪獣《かいじゅう》たち

地球《ちきゅう》がうまれたのは六十〜七十億年《おくねん》も前《まえ》のことだが、生物《せいぶつ》があらわれたのはずっとあとの十億年前《おくねんまえ》からだ。はじめの生《せい》物《ぶつ》はアミーバでバクテリアのような単《たん》じゅんな生物《せいぶつ》だった。三億《おく》五千万《せんまん》〜四億年前《おくねんまえ》ごろから水中《すいちゅう》にいろいろな生物《せいぶつ》があらわれ、だんだんと陸《りく》へ上《あ》がる動物《どうぶつ》が出《で》てきた。そして二億年《おくねん》前《まえ》ごろからハチュウ類《るい》が地上《ちじょう》にあらわれ、それがだんだんさかえてものすごい巨大《きょだい》な恐竜《きょうりゅう》たちとなり、史上最大《しじょうさいだい》の怪獣時《かいじゅうじ》代《だい》が出現《しゅつげん》したのだ。

①史上最大《しじょうさいだい》の恐竜《きょうりゅう》 ディプロドクス

一億《おく》五千万《せんまん》〜二億年前《おくねんまえ》には巨大《きょだい》な恐竜《きょうりゅう》が世界《せかい》の大陸《たいりく》にさかえたが、そのなかでいちばん大《おお》きかったのは、雷竜《らいりゅう》のなかまのディプロドクスだ。四本足《ほんあし》であるく首長竜《くびながりゅう》だが、全長《ぜんちょう》はなんと三十メートル以上《いじょう》もあり、肩《かた》の高《たか》さでさえ五メートル以《い》上《じょう》という怪獣《かいじゅう》だ。体重《たいじゅう》も四十トンもあって、いまいる地球上《ちきゅうじょう》最大《さいだい》の動物《どうぶつ》ゾウの十倍《ばい》くらいはある。

この怪物《かいぶつ》が雷竜《らいりゅう》というのは、その大《おお》きなからだで、のっしのっしと歩《ある》くとき、かみなりがおちるような音《おと》をたてたろうということから、この名《な》がつけられたのだ。

この怪獣《かいじゅう》は、あと足《あし》の方《ほう》が太《ふと》く大《おお》きく、それでからだの重《おも》みをささえていた。だからうしろの足《あし》はゾウの足《あし》よりはるかに太《ふと》く、大《おお》きな杉《すぎ》の大木《たいぼく》のようだったという。

しかし、長《なが》い首《くび》は先《さき》のほうでほそくなり、頭《あたま》はひじょうにちいさかった。だから雷竜《らいりゅう》の脳《のう》は体重《たいじゅう》の十万分《まんぶん》の一の四百《ひゃく》グラムくらいしかなく、動《うご》きもにぶく、のろのろとあるいていたらしい。

そんなに大《おお》きい怪獣《かいじゅう》だが、植物《しょくぶつ》を食《た》べて生《い》きるおとなしい動物《どうぶつ》で、一日《にち》じゅう草《くさ》を食《た》べてくらしていたが、一日《にち》一トンくらいは食《た》べていたものだ。

この怪獣《かいじゅう》は、南北《なんぼく》アメリカ大陸《たいりく》やアフリカ、オーストラリアなどにすんでいた。いまでも巨大《きょだい》な化石《かせき》がほり出《だ》されている。

アメリカのワシントンにある科学博物館《かがくはくぶつかん》では、この怪獣《かいじゅう》の化石《かせき》をもとに復元《ふくげん》したディプロドクスを陳列《ちんれつ》している。

②肉食《にくしょく》のらんぼう怪獣《かいじゅう》ティラノザウルス

アジアや北《きた》アメリカの大陸《たいりく》にすんでいたシシ竜《りゅう》ティラノザウルスは、恐竜《きょうりゅう》のなかではいちばんらんぼうものの肉食獣《にくしょくじゅう》。

全長《ぜんちょう》十五メートル、体重《たいじゅう》十トンの怪物《かいぶつ》で、立《た》ってあるいたが、あと足《あし》で立《た》つと、背《せ》の高《たか》さは六メートルもあった。

頭《あたま》でっかちで、大《おお》きい口《くち》があり、するどい歯《は》がライオンのようにならんでいた。

ティラノザウルスの前足《まえあし》はちいさくてほとんど役《やく》に立《た》たなかったが、あと足《あし》は太《ふと》く強《つよ》くじょうぶだった。

雷竜《らいりゅう》などを見《み》つけると、あと足《あし》で立《た》ちあがり、長《なが》い尾《お》でつりあいをとりながら、地面《じめん》をけってダチョウのように速《はや》くはしることができた。そしてえものをとらえると、あと足《あし》でふみつけ、大《おお》きな口《くち》でかみつき、するどい歯《は》で肉《にく》をかみとって食《た》べるという、おそろしい怪竜《かいりゅう》だ。

③背中《せなか》に剣《けん》のある剣竜《けんりゅう》ステゴザウルス

背中《せなか》にずらりと剣《けん》のようにとがったひれをつけた奇怪《きかい》な姿《すがた》の恐竜《きょうりゅう》がステゴザウルスだ。一億年前《おくねんまえ》にさかえたもので、体《たい》長《ちょう》は十メートルもあり、見《み》た目《め》はおそろしい怪獣《かいじゅう》だったが、ほんとうはおとなしい動物《どうぶつ》。

背中《せなか》に二列《れつ》にならんだ剣《けん》のひれも、敵《てき》を攻撃《こうげき》するためのものではなくて、自分《じぶん》を守《まも》るためのもので、敵《てき》が近《ちか》づくとこの剣《けん》のひれを二枚《まい》ずつうち合《あ》わせ、ばたばた音《おと》をたてて、あいてをおどろかせておいはらったという。

しかもこのステゴザウルスの背中《せなか》の剣《けん》のひれは、一種《しゅ》の警《けい》戒色《かいしょく》で赤《あか》か青《あお》に色《いろ》が出《で》て、あいてによく目《め》につくようになっていた。そしてその形《かたち》と色《いろ》は、近《ちか》づくなというしるしと、食《た》べてもまずいぞというしるしだった、ともいわれる。

このステゴザウルスは奇妙《きみょう》なことに、頭《あたま》のほかに肩《かた》と腰《こし》の三カ所《しょ》に脳《のう》があった。これは頭《あたま》の脳《のう》がちいさいため、肩《かた》の脳《のう》で前足《まえあし》を、腰《こし》の脳《のう》でうしろ足《あし》や尾《お》を動《うご》かす役目《やくめ》をしたものだ。しかし、三つの脳《のう》をあわせても七〜八十グラムくらいしかなく、とても働《はたら》きがにぶかったらしい。だから、尾《お》をかじられてもいたいと感《かん》じるまで一秒《びょう》もかかったという。だから、テイラノザウルスなどにおそわれ、よく食《た》べられてしまったものだ。

食物《しょくもつ》はちいさいこん虫《ちゅう》か草《くさ》などで、ちいさい口《くち》でもそもそと食《た》べてくらしていた。

④恐竜《きょうりゅう》の祖先《そせん》オルニソレステス

一億《おく》八千万年前《せんまんねんまえ》に地球上《ちきゅうじょう》をあばれまわっていた怪獣《かいじゅう》オルニソレステスは恐竜《きょうりゅう》の祖先《そせん》だ。立《た》ちあがってかける全長《ぜんちょう》二メートルもあるトカゲの化《ば》け物《もの》で、二本《ほん》のあと足《あし》で身《み》がるにとびはね、とび立《た》とうとする鳥《とり》さえ、パッととびついてとらえることができたという。この怪物《かいぶつ》が進化《しんか》して、どうもうなティラノザウルスやアロザウルスになったものだ。

⑤カンガルーのようなイグアノドン

トリ竜《りゅう》のなかまで体長《たいちょう》十メートルの恐竜《きょうりゅう》イグアノドンは、二本足《ほんあし》で立《た》ってあるく怪物《かいぶつ》だが、尾《お》は太《ふと》くカンガルーのようなかっこうで、ものすごくはしるのが速《はや》かった。ふだんはひろい草原《そうげん》でむれをくみ、木《き》の葉《は》や草《くさ》をたべてくらしていた。

敵《てき》におそわれると、じょうぶでよく動《うご》くあと足《あし》でとぶようにはしってにげるが、ときにはおいつめられるときもあった。

しかし、そういうときは、やはりじょうぶな前足《まえあし》をつかって、あいてに立《た》ちむかった。イグアノドンの前足《まえあし》はちょうどクマのようにうちがわにむけて力《ちから》いっぱいふるとものすごいパンチになるもので、どうもうなシシ竜《りゅう》のテイラノザウルスでもはりたおされたり、あごの皮膚《ひふ》をはぎとられたりしたらしい。

恐竜《きょうりゅう》たちのなかでも、めずらしいボクサー怪獣《かいじゅう》だ。

⑥日本《にっぽん》でも見《み》られるアロザウルス

けもの竜《りゅう》のなかまのアロザウルスが、日本《にっぽん》にいる。といっても化石《かせき》で、アメリカにいる一世《せい》の小川勇吉《おがわゆうきち》という人《ひと》が、東《とう》京《きょう》の科学博物館《かがくはくぶつかん》に寄付《きふ》したもの。日本《にっぽん》でただ一つの完全《かんぜん》な化《か》石《せき》。北《きた》アメリカには、たくさんほり出《だ》されているし、アフリカやアジア大陸《たいりく》の一部《ぶ》からも出《で》ている。あごと歯《は》が発達《はったつ》し、雷竜《らいりゅう》もむしゃむしゃ食《た》べた、どうもうな姿《すがた》は化石《かせき》でもよくわかるものだ。

⑦サイの化《ば》け物《もの》、角竜《つのりゅう》トリケラトプス

恐竜《きょうりゅう》のなかまで、奇怪《きかい》な姿《すがた》をしているものの一つが角竜《つのりゅう》のトリケラトプス。全長約《ぜんちょうやく》十メートルで、サイのように角《つの》をもち、厚《あつ》いじょうぶな皮《かわ》をかぶっていて、肩《かた》のところには大《おお》きいひれのようなものがひろがってついていた。

角竜《つのりゅう》には、角《つの》が一本《ぽん》のと、三本《ぼん》のがあり、角《つの》の長《なが》さは三メートルもあったものだ。

角竜《つのりゅう》はかけるのも速《はや》く、動《うご》きもびんしょうだが、らんぼうではなく、ふだんはおとなしい巨獣《きょじゅう》。角《つの》も木《き》をたおしたり、草《くさ》や木《き》の根《ね》をほりおこすのに使《つか》っていた。

しかし、ティラノザウルスなどのシシ竜《りゅう》におそわれると、角《つの》をつき立《た》ててとつげきし、おそいかかるシシ竜《りゅう》の腹《はら》をつきあげてつきやぶり、どうもうな敵《てき》もやっつけてしまったということだ。

ふだんは木《き》の葉《は》などを食《た》べてくらしていた。

⑧角《つの》だらけの怪獣《かいじゅう》の多角竜《たかくりゅう》

角竜《つのりゅう》のなかまの多角竜《たかくりゅう》は角《つの》だらけの怪物《かいぶつ》だ。ステイラコザウルスとよばれ、頭《あたま》にはかぶとのようなひれがあって、先《さき》のとがった角《つの》が六本《ぽん》もにゅーっと生《は》えている。しかも鼻《はな》の先《さき》にも大《おお》きな角《つの》をはやした怪獣《かいじゅう》だ。

口《くち》は上《うわ》あごの先《さき》がオウムのくちばしのようになっていて、敵《てき》にがぶりとかみつくのに役立《やくだ》つ。すぐおそいかかる気《き》のあらい怪獣《かいじゅう》だ。

⑨背中《せなか》に帆《ほ》をつけた怪獣《かいじゅう》

ジメトロドン

北《きた》アメリカで化石《かせき》が出《で》ているジメトロドンはおかしな形《かたち》をしたけもの竜《りゅう》だ。体長《たいちょう》は三メートルで、背中《せなか》にたてにならんだ細長《ほそなが》いとげを生《は》やしていてそのとげの間《あいだ》には皮《かわ》のまくがはっていて、ちょうど船《ふね》の帆《ほ》のようなものをもっている。この帆《ほ》をひろげたり、ちぢめたりして体温《たいおん》をかげんしていたものだ。性質《せいしつ》はどうもうで、小動物《しょうどうぶつ》をおそっては食《た》べていた。

⑩怪物《かいぶつ》アンキロザウルス

いまもアメリカ大陸《たいりく》に生《い》きている珍獣《ちんじゅう》アルマジロの祖先《そせん》が、怪物《かいぶつ》の甲《こう》ら竜《りゅう》アンキロザウルスだ。剣竜《けんりゅう》のなかまで体長《たいちょう》は五メートル、頭《あたま》から尾《お》の先《さき》まで、びっしりと堅《かた》いよろいのようなうろこでおおわれていた。おまけにとがったとげのようなものが、からだの左右《さゆう》からしっぽにかけて、ずらりとならんでついていた。

そして敵《てき》におそわれると、足《あし》を甲《こう》らの下《した》に入《い》れてしまうので、らんぼうなシシ竜《りゅう》でも堅《かた》い甲《こう》らはかみつくことができず、こまってしまう。そのうえ、とげの立《た》った尾《お》をぴんぴん動《うご》かしておそってきた敵《てき》をつきさすから、シシ竜《りゅう》でも手《て》が出《だ》せない。

剣竜《けんりゅう》がおとろえはじめたころ、アンキロザウルスはさかえ出《だ》し、アメリカ、アジア、アフリカ大陸《たいりく》などで草《くさ》を食《た》べてくらしていた。

⑪空《そら》とぶ怪竜《かいりゅう》テラノドン

怪物《かいぶつ》は虫類《ちゅうるい》のなかまは空《そら》にまであらわれた。それがコウモリ竜《りゅう》だが、その一つがテラノドン。とがった奇怪《きかい》な顔《かお》にするどいくちばし、とがったつめのはえた三本指《ぼんゆび》のついた大《おお》きな翼《つばさ》をもっていたが、それをひろげると九メートルもあり、現代《げんだい》の軽飛行機《けいひこうき》ほどもあった。

しかし、この大《おお》きな翼《つばさ》ははばたくことはできなかったもので、空《そら》をとぶときは高《たか》い木《き》によじのぼり、そこからグライダーのように翼《つばさ》をひろげておいて、ふわりととんだものだ。

テラノドンは目《め》がとてもよく、高《たか》い空《そら》からえものを見《み》つけると急降下《きゅうこうか》して、長《なが》いくちばしでそれをすくいとって食《た》べていたが、つごうのよいように下《した》くちばしがペリカンのようにうけ口形《ぐちがた》になっていた。夜《よる》はコウモリのように木《き》にぶらさがってねた。

⑫日本《にっぽん》にもいた恐竜《きょうりゅう》たち

日本《にっぽん》には大《おお》むかしの恐竜《きょうりゅう》はいなかったと思《おも》われていたが、最近《さいきん》つぎつぎといろいろな化《か》石《せき》があらわれ、恐竜《きょうりゅう》のいたことがあきらかになった。

まず、一九四〇年《ねん》、東北地方《とうほくちほう》の宮城県柳津《みやぎけんやなず》町《まち》で多数《たすう》のかわった動物《どうぶつ》の骨《ほね》の化石《かせき》がほり出《だ》されたた。東北大学《とうほくだいがく》でいろいろしらべたところ、それは首長竜《くびながりゅう》のなかまとわかった。

また、いまのサガレン、そのころは日本《にっぽん》のカラフトの炭坑《たんこう》の中《なか》からめずらしい恐竜《きょうりゅう》の化《か》石《せき》が出《で》てきた。体長《たいちょう》二メートルほどのカモ竜《りゅう》のなかまで、世界《せかい》でもただ一つのめずらしい種類《しゅるい》のもので、東北大学《とうほくだいがく》でしらべた結果《けっか》、日《に》本竜《ほんりゅう》と名《な》づけられた。一九六一年《ねん》、九州《きゅうしゅう》の長《なが》崎県《さきけん》の高島炭鉱《たかしまたんこう》からちゃんとしたカモ竜《りゅう》の骨《ほね》がはじめてほり出《だ》された。日本《にっぽん》にも恐竜《きょうりゅう》がすんでいたことがはっきりとわかったのだ。

⑬角《つの》をはやしたけもの竜《りゅう》

どうもうなけもの竜《りゅう》のなかにはアロザウルスがあるが、そのまたなかまのセラトザウルスは角《つの》を鼻《はな》の上《うえ》にはやした奇怪《きかい》な恐竜《きょうりゅう》だ。体長《たいちょう》十メーメトル、頭《あたま》でっかちで一メートルもあり、立《た》ってあるき敵《てき》をおそった。

そして、敵《てき》とあらそうとき、その角《つの》でやわらかいところをついたり、ひきさいたりしたのだといわれている。

⑭どろぼう恐竜《きょうりゅう》メガロザウルス

けもの竜《りゅう》のなかまにはメガロザウルスがいるが、体長《たいちょう》一メートル五〇のちびっこ恐竜《きょうりゅう》だ。羽《はね》のないダチョウのように首《くび》が長《なが》いへんなかっこうの恐竜《きょうりゅう》で、いつも立《た》ってあるいていた。しかし、なかなかすばしっこく、よく働《はたら》く前足《まえあし》で、こっそりほかの恐竜《きょうりゅう》の巣《す》から卵《たまご》をぬすみ出《だ》しては食《た》べていた。卵《たまご》のないときは、こん虫《ちゅう》をとらえてえさにしていた。

⑮魚《うお》の形《かたち》の恐竜《きょうりゅう》イクチオザウルス

陸《りく》の恐竜《きょうりゅう》が海《うみ》に戻《もど》ってすむようになった一つが魚竜《ぎょりゅう》イクチオザウルスだ。

ドイツのウルテンベルグから、みごとな形《かたち》をした魚竜《ぎょりゅう》の化石《かせき》が発見《はっけん》されてその正体《しょうたい》はあきらかになっている。魚《うお》のような形《かたち》をしていて、口《くち》はとがってくちばしのように長《なが》く、するどい歯《は》をずらりとつけていた。

体長《たいちょう》は七メートルくらいで、からだをくねらせておよぐことができた。

魚竜《ぎょりゅう》はとくに目《め》が大《おお》きく、二つの目《め》でどんなえものでも見《み》つけ、水中《すいちゅう》をおよいで確実《かくじつ》にえものをとらえていた。

ドイツで発見《はっけん》された化石《かせき》で、魚竜《ぎょりゅう》は、ほかのは虫類《ちゅうるい》のように卵《たまご》で生《う》み出《だ》さず、おなかの中《なか》で卵《たまご》をかえし、小《ちい》さい魚竜《ぎょりゅう》にして生《う》み出《だ》すことがわかった。

⑯忍者怪獣《にんじゃかいじゅう》のカモ竜《りゅう》のなかま

トリ竜《りゅう》の一種《しゅ》には、口先《くちさき》の骨《ほね》がひろがって、カモのくちばしのようなかっこうをしていたため、カモ竜《りゅう》とよばれた恐竜《きょうりゅう》がある。

体長《たいちょう》は十メートルもあり、顔《かお》の上《うえ》のほうに鼻《はな》の穴《あな》のあいているのが特徴《とくちょう》で、これは頭《あたま》だけを少《すこ》し水《みず》の上《うえ》に出《だ》して、水中《すいちゅう》に忍者《にんじゃ》のようにかくれて生活《せいかつ》していたといわれる。

とくにおもしろいのはコリトザウルスで、頭《あたま》の上《うえ》にこぶがあり、ここに鼻《はな》の穴《あな》が上《うえ》を向《む》いてついていたから、そのこぶだけを水上《すいじょう》に出《だ》して水《みず》の中《なか》にもぐっていた。

また、頭《あたま》の上《うえ》に細長《ほそなが》いつつをつけたパラソウロロプスもあり、これは陸上《りくじょう》で空気《くうき》をたっぷりすってこのつつの中《なか》にためておき、長時間《ちょうじかん》水中《すいちゅう》にもぐっていることができた。

カモ竜《りゅう》は性質《せいしつ》はおとなしく、草《くさ》や水《みず》べの貝《かい》をおもなえさにしていた。北《きた》アメリカでは完全《かんぜん》なミイラとなって発見《はっけん》されている。これは厚《あつ》いうろこをつけた皮膚《ひふ》で全身《ぜんしん》をおおわれ、手《て》足《あし》の指《ゆび》の間《あいだ》に水《みず》かきをつけている。この水《みず》かきのおかげで、水中《すいちゅう》をすいすいとおよげたものだ。

⑰カメの化《ば》け物《もの》アルケロン

海中《かいちゅう》の怪獣《かいじゅう》の一つには、カメの祖先《そせん》であるアルケロンがある。

体長《たいちょう》四メートルもあって、でかい堅《かた》い甲《こう》らをせおい、大《おお》きいひれのような四本《ほん》の足《あし》で水《みず》の中《なか》をすいすいとおよいでいた。口《くち》に特徴《とくちょう》があり、かぎのようにするどく先《さき》のとがった上《うわ》あごと、堅《かた》いがんじょうな下《した》あごをもち、魚竜《ぎょりゅう》などにもおそれずにてむかってかみついた、という。

魚《うお》の大群《たいぐん》を見《み》つけるとおそいかかり、たくさんの魚《うお》をむしゃむしゃ食《た》べて生活《せいかつ》していたということだ。

⑱雷竜《らいりゅう》のかわりだね ブラキオザウルス

雷竜《らいりゅう》のなかまのブラキオザウルスは鼻《はな》の穴《あな》が頭《あたま》のてっぺんについていたかわりだね。このおかげで水《みず》の中《なか》にもぐったまま、鼻《はな》の穴《あな》を水《みず》の上《うえ》に出《だ》して呼《こ》吸《きゅう》することができた。こうして水中《すいちゅう》に身《み》をかくしながら、クジラのようにしおをふきあげていた。ブラキオザウルスは前足《まえあし》があと足《あし》より非常《ひじょう》に長《なが》く、のばすと十二メートルもの背《せ》の高《たか》さになった。

しかし、このためすばしっこく走《はし》ることはできず、陸上《りくじょう》ではシシ竜《りゅう》などのえさになりやすかった。

だから、いつも水《みず》の中《なか》にいて、ときどきあさいところへ出《で》てきて水《みず》べに生《は》えている植物《しょくぶつ》などを食《た》べていた。

だが、ブラキオザウルスは目《め》はとてもするどく、遠《とお》くのものも、ごくちいさいものの動《うご》きもすぐ感《かん》じとり、水《みず》の中《なか》にもぐって身《み》をかくしていた。一億《おく》三千《ぜん》五百年前《ひゃくねんまえ》ごろさかえていた。

⑲いぼだらけの怪物《かいぶつ》
パレイアザウルス

ソ連《れん》で発見《はっけん》された、めずらしい怪物《かいぶつ》の化石《かせき》がある。二億年前《おくねんまえ》にいたというけもの竜《りゅう》の一種《しゅ》、パレイアザウルスがそれで、大《おお》きさはいまの牛《うし》の大《おお》きいのと同《おな》じくらい。ガマのようにふくれて太《ふと》っていて重《おも》そうなからだつきだが、からだじゅうにガマのようにいぼがぶつぶつ一面《めん》にできていた気味《きみ》のわるい怪物《かいぶつ》だ。おまけに鼻《はな》の上《うえ》に小《ちい》さい角《つの》まで生《は》やしていた。

⑳トリの怪物《かいぶつ》シソチョウ

一億五千万年《おくせんまんねん》ほど前《まえ》のころ、小《ちい》さな恐竜《きょうりゅう》に前足《まえあし》を羽《はね》のようにばたばたさせながら、あと足《あし》でとぶようにはしっていたのがいる。これがだんだん進化《しんか》して恐竜《きょうりゅう》とトリの合《あ》いの子《こ》シソチョウになったという。シソチョウはくちばしにはするどい歯《は》がならび、翼《つばさ》の先《さき》には三本《ぼん》の指《ゆび》があり、するどいつめをつけていた。翼《つばさ》をひろげグライダーのように空中《くうちゅう》をとんだ。

㉑長首怪獣《ながくびかいじゅう》の首長竜《くびながりゅう》

海《うみ》にすんだ恐竜《きょうりゅう》の代表《だいひょう》には首長竜《くびながりゅう》がある。体長《たいちょう》は約《やく》十二メートルだが、首《くび》の長《なが》さは六メートル以上《いじょう》あって、からだより長《なが》い。この首《くび》を水面《すいめん》に出《だ》したり、ひっこめたりしてようすを見《み》たり、えさをおいかけたのだ。そして水《すい》中《ちゅう》をおよぎやすいように四本《ほん》の足《あし》はオットセイのようなひれになっていた。しかし水中《すいちゅう》ばかりでなく、休《やす》むときは陸《りく》にはいあがれた。

㉒海《うみ》の強盗《ごうとう》トカゲ竜《りゅう》

六千万年《せんまんねん》前《まえ》にあらわれたトカゲ竜《りゅう》のモサザウルスは体《たい》長《ちょう》十メートルあまり。大《おお》きな口《くち》とするどい歯《は》をもったどうもうな恐竜《きょうりゅう》で、海《うみ》の中《なか》であばれまわった。そして魚《うお》のむれを見《み》つけるとおそっては食《た》べていた。そのため、魚《うお》のむれをおっている首長竜《くびながりゅう》からえさをうばおうとして、よくはげしいあらそいをした強盗海竜《ごうとうかいりゅう》。ワニににていた怪獣《かいじゅう》だ。

㉓二百《ひゃく》三十種類《しゅるい》もある恐竜《きょうりゅう》

前世紀《ぜんせいき》の怪獣《かいじゅう》の恐竜《きょうりゅう》の種類《しゅるい》はたいへん多《おお》く、せいぜい二メートルくらいのものから三十メートルをこすものまで大《おお》きさも形《かたち》もいろいろかわったものがある。

いままで発見《はっけん》されてわかっているものだけでも二百《ひゃく》三十種類《しゅるい》もあり、ほりだされている化石《かせき》で形《かたち》がよくのこっているものだけでも二万近《まんちか》くもある。

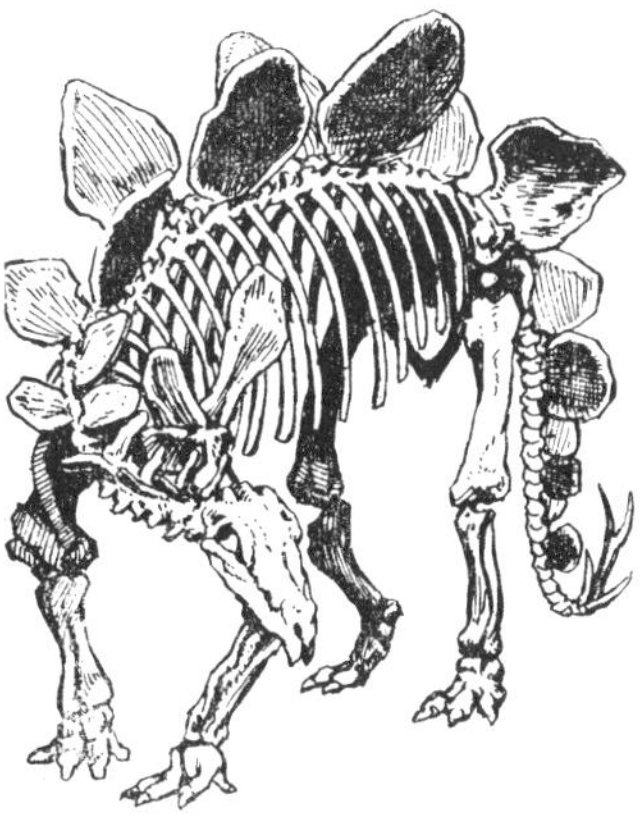

㉔恐竜《きょうりゅう》はほえたか？

巨大《きょだい》な怪物《かいぶつ》の恐竜《きょうりゅう》は、鳴《な》いたりほえたりしたろうか？　恐竜《きょうりゅう》の化石《かせき》をしらべたところ、頭《あたま》の骨《ほね》のところには耳《みみ》のあとのあることがわかった。音《おと》を聞《き》けるということは声《こえ》も出《だ》していたということになる。しかし耳《みみ》はあんまり大《おお》きくはないから、小《ちい》さくてもわりあいよく聞《き》こえたのだろうし、ほえる声《こえ》もよく響《ひび》いたのだろう。高《たか》い音《おと》や響《ひび》く声《こえ》を出《だ》したにちがいない、といわれる。

㉕恐竜《きょうりゅう》はなぜほろびたか？

一億年間《おくねんかん》もさかえて地球上《ちきゅうじょう》をわがものがおにあるきまわった大怪獣《だいかいじゅう》の恐竜《きょうりゅう》たちは、六千万年前《せんまんねんまえ》とつぜんほろびた。

その原因《げんいん》はなぞであるが、いろいろといわれている。

(1)その一つは、とつぜん地球上《ちきゅうじょう》の気候《きこう》が氷河時代《ひょうがじだい》の襲来《しゅうらい》などで急《きゅう》に変《か》わり、恐竜《きょうりゅう》のえさだった植物《しょくぶつ》のシダやソテツがへったため。

(2)放射能《ほうしゃのう》のためにほろびたともいう。これは、強《つよ》い放射能《ほうしゃのう》をもった星《ほし》が地球《ちきゅう》に近《ちか》づいて、地球《ちきゅう》に影響《えいきょう》をあたえ、急《きゅう》にふえた放射能《ほうしゃのう》にやられて全滅《ぜんめつ》したという説《せつ》。

(3)おもしろい原因《げんいん》には、地球上《ちきゅうじょう》にあらわれはじめたからだのちいさいほ乳類《にゅうるい》が、すばしっこいやりかたで恐竜《きょうりゅう》の巣《す》へ忍《しの》びこみ、卵《たまご》をぬすんでは食《た》べてしまうようになった。そのため、恐竜《きょうりゅう》は子孫《しそん》がふえなくなり、ちいさい動物《どうぶつ》のために全滅《ぜんめつ》させられたということだ。

(4)地球上《ちきゅうじょう》の気候《きこう》の変化《へんか》からマツやスギがふえ、それを恐竜《きょうりゅう》が食《た》べすぎてふんづまりになって、そのために死《し》んでいったともいわれる。それまでのえさだったシダやソテツは通《つう》じを

よくする油《あぶら》をふくんでいた。

(5)植物《しょくぶつ》を食《た》べてさかえていた恐竜《きょうりゅう》が死《し》ぬと、シシ竜《りゅう》のような肉食《にくしょく》の恐竜《きょうりゅう》は食《た》べるえさがなくなって、同《おな》じような運命《うんめい》をたどった。

(6)六千万年前《せんまんねんまえ》、地球上《ちきゅうじょう》のいたるところで火山《かざん》の大爆発《だいばくはつ》がおこり、その爆発《ばくはつ》のためにたくさんの恐竜《きょうりゅう》が死《し》んだ、ともいわれる。

(7)そして、その大《だい》ふん火《か》のために空《そら》にふきあげた火山灰《かざんばい》が空《そら》をおおい、太陽《たいよう》の光《ひかり》がよわくなって地球上《ちきゅうじょう》がさむくなったため、怪獣《かいじゅう》たちがまいってしまったのだ、ともいわれている。

(8)また、あまり大《おお》きくなりすぎた怪獣《かいじゅう》は、重《おも》くなりすぎて動《うご》きが不自由《ふじゆう》となり、ちいさくてびんしょうなほ乳類《にゅうるい》のネズミなどにおそわれてもどうにもならず、やられてしまったのだろう、とさえいわれるのだ。

また、このほかにもいろんな説《せつ》があるが、おもな恐竜《きょうりゅう》の滅《めつ》亡説《ぼうせつ》は、以上《いじょう》の八つである。このうち、どれが正《ただ》しいかは、学者《がくしゃ》により、まちまちで、これらのいろんなことがからみあって恐竜《きょうりゅう》は地球上《ちきゅうじょう》から姿《すがた》を消《け》したものと思《おも》われる。

㉖恐竜《きょうりゅう》のわけ方《かた》のひみつ

恐竜《きょうりゅう》は大《おお》きくわけると(1)トカゲ恐竜《きょうりゅう》と(2)トリ恐竜《きょうりゅう》の二つになる。これは、恐竜《きょうりゅう》の腰《こし》の骨《ほね》がトカゲににているか、トリのものににているかでわけられている。

トカゲ恐竜《きょうりゅう》のおもなものは、雷竜《らいりゅう》、けもの竜《りゅう》などで、ディプロドクス、テイラノザウルスがこれ。トリ恐竜《きょうりゅう》には、トリ竜《りゅう》、剣竜《けんりゅう》、角竜《つのりゅう》、よろい竜《りゅう》などあった。

㉗海《うみ》の恐竜《きょうりゅう》と空《そら》の恐竜《きょうりゅう》

恐竜《きょうりゅう》は地上《ちじょう》ばかりか、海《うみ》や空《そら》にもすんでいた。海《うみ》の中《なか》には魚竜《ぎょりゅう》、首長竜《くびながりゅう》、トカゲ竜《りゅう》などがあばれ、空《そら》にはコウモリ竜《りゅう》がとびまわった。

また、陸《りく》にすむ恐竜《きょうりゅう》のなかでも、かみなり竜《りゅう》はからだが重《おも》いのと、敵《てき》におそわれないようにするために、ふだんは水中《すいちゅう》にはいっていて、まるで海《うみ》の恐竜《きょうりゅう》のようだった。

㉘生《い》きていた怪鳥《かいちょう》たち

奇《き》怪《かい》な姿《すがた》で地球上《ちきゅうじょう》にさかえていた怪鳥《かいちょう》はいろいろあったが、いつの間《ま》にかほろんでしまった。その怪鳥《かいちょう》にはこんなものがあった。

(1)マダガスカル島《とう》のアイピヨルニス

一八五一年《ねん》、フランスの船長《せんちょう》が、奇《き》怪《かい》な鳥《とり》の骨《ほね》と卵《たまご》をマダガスカル島《とう》の西南《せいなん》で発見《はっけん》してもち帰《かえ》った。パリの大学《だいがく》で調《しら》べた結果《けっか》、ダチョウに似《に》た三メートルもある怪鳥《かいちょう》アイピヨルニスとわかった。この鳥《とり》はジャングルの奥《おく》に生《い》きつづけ、五百《ひゃく》年《ねん》ほど前《まえ》にほろびたこともわかった。からだじゅうは毛深《けぶか》くダチョウのように、とぶことができなくてかけ回《まわ》った鳥《とり》だ。

(2)ニュージーランドのモア

イギリスのオウエンという学者《がくしゃ》がくわしくしらべて一八三九年《ねん》にニュージーランドの怪鳥《かいちょう》モアのことを発表《はっぴょう》した。モアは翼《つばさ》のない地上《ちじょう》を歩《ある》く鳥《とり》で、翼《つばさ》は長《なが》い毛《け》の集《あつ》まりのようなものに変《か》わってしまっているもの。大《おお》きいものは三メートル五

○もあり、南島《なんとう》から完全《かんぜん》なミイラが発見《はっけん》されている。
この人間《にんげん》の二倍《ばい》もある怪鳥《かいちょう》も原住民《げんじゅうみん》にとらえられては食《た》べられて、ついに三百年《びゃくねん》ほどまえ完全《かんぜん》にほろびてしまったのだ。

モアは強《つよ》い足《あし》をもっているので、ヤリをもってかこんでやっと殺《ころ》したものだが、またえさにまっかにやいた小石《こいし》をまぜ、それをのみこんだモアは胃袋《いぶくろ》がやけて死《し》ぬ、といったずるい狩《か》りのやり方《かた》もやったという。

(3)アメリカのジアトリマ

北《きた》アメリカ大陸《たいりく》に、五千万年前《せんまんねんまえ》にさかえていたという怪鳥《かいちょう》がジアトリマだ。体長《たいちょう》は二〜三メートルもあり、太《ふと》いじょうぶな二本《ほん》の足《あし》をもって、すばやくかけ回《まわ》った。首《くび》は短《みじか》いが、大《おお》きくてするどいワシのようなくちばしをもち、ウマの祖先《そせん》などをおいかけてとらえ、そのするどいくちばしでひきさいては食《た》べていたという。

㉙よろいをつけた怪魚《かいぎょ》

ディニクティス

二億《おく》〜三億年前《おくねんまえ》は水中《すいちゅう》の生物《せいぶつ》の時代《じだい》だが、そのころ水《みず》の中《なか》をあらしまわった怪魚《かいぎょ》が大《おお》むかしのサメのディニクティス。全長《ぜんちょう》六メートル以上《いじょう》もあって、頭《あたま》とからだは別々《べつべつ》にいくつかの、堅《かた》いよろいのような皮《かわ》でかこまれていた。おもしろいことに首《くび》をまわして動《うご》かすことができた。するどい歯《は》をもち、魚《うお》をおいかけてえさにしていたものだ。

㉚海《うみ》の怪物化《かいぶつば》け物《もの》サソリ

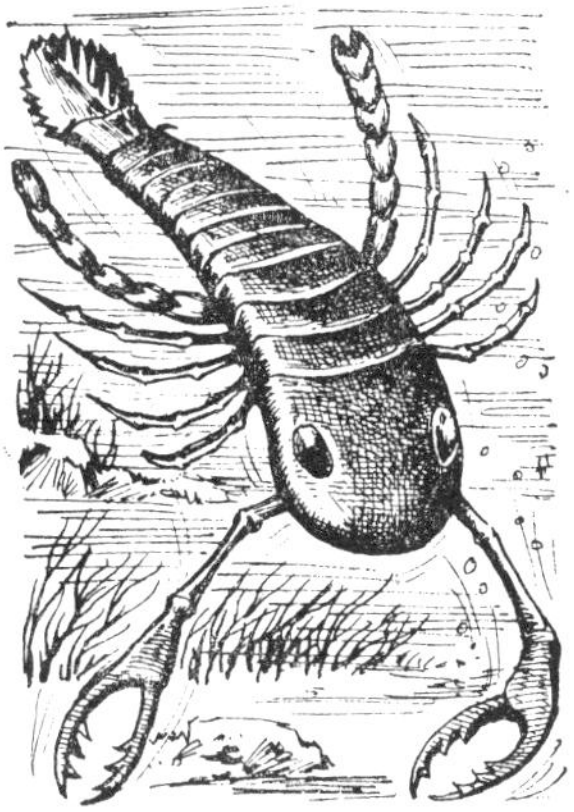

四億年前《おくねんまえ》のころ。大《おお》むかしの海《うみ》の中《なか》を奇怪《きかい》な怪物《かいぶつ》がおよぎまわっていた。いまのサソリの遠《とお》い祖先《そせん》で、大《おお》きなはさみと尾《お》にするどいはりをもち、はさみで生物《せいぶつ》をつかんでとらえたり、敵《てき》をしっぽでさし殺《ころ》していたものだ。しかも体長《たいちょう》二メートルもあり、からだのふしを動《うご》かして水中《すいちゅう》をおよぐことができた怪物《かいぶつ》ウミサソリだ。

㉛お化《ば》け貝《がい》のオルソセラス

四億年前《おくねんまえ》の海底《かいてい》に長《なが》いからだでのさばっていた怪物貝《かいぶつがい》がオウム貝《がい》の一種《しゅ》オルソセラスだ。まるで長《なが》いメガホンのような貝《かい》で、全長《ぜんちょう》十メートルもあり、大《おお》イカのようなからだがはいっていて近《ちか》づいた魚《うお》まで長《なが》い足《あし》をふいにのばしてとらえ、食《た》べてしまう。足《あし》を出《だ》してのっそりと海底《かいてい》をあるくことが多《おお》いが、水面《すいめん》にうきあがって、ぷかぷかういて動《うご》くこともある。

㉜大木時代《たいぼくじだい》のお化《ば》けトンボ

三億年前《おくねんまえ》、シダやマツの祖先《そせん》の大木《たいぼく》がさかえた時代《じだい》がある。石炭紀《せきたんき》といわれ、大木《たいぼく》のなかには太《ふと》さ一メートル五〇、高《たか》さはなんと三十メートルというものすごいものがあった。

この時代《じだい》はあたたかく、植物《しょくぶつ》などばかりか、こん虫《ちゅう》までがよくそだった。だからこん虫《ちゅう》の化《ば》け物《もの》さえあらわれた。羽《はね》をひろげると一メートルになるお化《ば》けトンボがとび回《まわ》っていた。

㉝恐竜《きょうりゅう》は長生《ながい》きできたのか？

巨大《きょだい》な怪《かい》物《ぶつ》恐竜《きょうりゅう》たちは、どのくらい長生《ながい》きできたろうか。恐竜《きょうりゅう》の化石《かせき》で、頭《ず》がい骨《こつ》を学《がく》者《しゃ》がしらべたところ、木《き》の年輪《ねんりん》のようにすじのはいった層《そう》がある。それから計《はか》ってみて恐竜《きょうりゅう》は百《ひゃく》～二百年《ひゃくねん》くらいは生《い》きつづけたことが明《あき》らかになった。しかし、その長生《ながい》きしていたあいだも、一日中食物《にちじゅうしょくもつ》をさがしていつもおなかをすかしていた、といわれる。

㉞恐竜《きょうりゅう》の本当《ほんとう》のはじまり

陸上《りくじょう》ではじめて卵《たまご》を生《う》んだ小怪物《しょうかいぶつ》がセイムリアだが、体長《たいちょう》わずか五十センチのちび。しかし、ちいさいくせにりっぱなハチュウ類《るい》だ。この子孫《しそん》にやがて体長《たいちょう》一メートルもあるテコドントがあらわれる。このテコドントはちいさいが恐竜《きょうりゅう》のはじまりといわれ、これが進《しん》化《か》して雷竜《らいりゅう》や角竜《つのりゅう》となっている。そしていまいるワニもテコドントの血《ち》を引《ひ》いている。

3. ゆかいでおそろしい SF怪獣《かいじゅう》

© 東宝

↓ 大海獣《だいかいじゅう》マンダ

↑ 怪獣《かいじゅう》マグマ

大宇宙《だいうちゅう》には想像《そうぞう》もできないふしぎな怪物《かいぶつ》がいる、といわれる。だが、現在《げんざい》の科学《かがく》ではほとんどくわしいことはわからない。しかし、科学《かがく》のちしきと空想《くうそう》をあわせて考《かんが》え出《だ》した怪物《かいぶつ》がＳ《エス》・Ｆ《エフ》怪獣《かいじゅう》だ。とてもふしぎでゆかいでそしておそろしい怪物《かいぶつ》たちだが、雑誌《ざっし》や映画《えいが》、テレビで紹介《しょうかい》され、おなじみだ。だが、こんなもの、ほんとうにいるものかとばかにしてはいけない。いつ、どこからこんな怪獣《かいじゅう》たちが地球上《ちきゅうじょう》にとつぜんに出現《しゅつげん》して、きみたちにおそいかかるかわからないのだから。

①大空《おおぞら》の魔獣《まじゅう》ラドン

日本《にっぽん》の九州《きゅうしゅう》の炭鉱地帯《たんこうちたい》の、地中《ちちゅう》にねむっていた前世紀《ぜんせいき》の翼《つばさ》竜《りゅう》の卵《たまご》が放射能《ほうしゃのう》で変化《へんか》して、巨大《きょだい》な怪物《かいぶつ》となってあらわれたのが怪鳥《かいちょう》ラドンだ。

翼《つばさ》をひろげると百《ひゃく》二十メートル、体長《たいちょう》は四十メートル、体《たい》重《じゅう》は千《せん》五百《ひゃく》トンもあるが、マッハ一・五の速力《そくりょく》で空中《くうちゅう》を飛行《ひこう》できる。

翼《つばさ》をはばたく力《ちから》は強力《きょうりょく》で、しゅん間風速百《かんふうそくひゃく》メートルのとっ風《ぷう》をおこし、地上《ちじょう》の建物《たてもの》をふきとばしてしまうし、一撃《げき》で東《とう》京《きょう》タワーもへしおってしまう。くちばしで一つきすると五万《まん》トンの巨船《きょせん》も穴《あな》があき、たちまちしずんでしまうほどだ。

ラドンは古《ふる》い火山《かざん》の火口《かこう》を巣《す》にしているので、地中《ちちゅう》で人工《じんこう》爆発《ばくはつ》をおこして地中《ちちゅう》にひびを入《い》らせ、そこからふきあげてくる溶岩《ようがん》のなかにとじこめ、ようやくたいじしたものだ。

②大《おお》トンボの怪物《かいぶつ》メガヌロン

三億年前《おくねんまえ》に地球上《ちきゅうじょう》にいた大《おお》トンボの幼虫《ようちゅう》メガヌロンは、体《たい》長《ちょう》五〜六メートルもある怪物《かいぶつ》だ。それが大《おお》むかしの大地震《だいじしん》で

© 東宝

地中《ちちゅう》にうまり、動物《どうぶつ》の化石《かせき》や植物《しょくぶつ》の根《ね》を食《た》べては冬眠《とうみん》して生《い》きつづけた。ところが原爆《げんばく》の放射能《ほうしゃのう》によって、急《きゅう》に力《ちから》がついて大《おお》きくなり、地上《ちじょう》にあらわれて人間《にんげん》をおそうようになった。ところが大怪鳥《だいかいちょう》ラドンにいいえさだ、と食《た》べられてしまった。

© 円谷プロ

③原始怪鳥《げんしかいちょう》リトラ

日本《にっぽん》の山梨県《やまなしけん》で発見《はっけん》された不思議《ふしぎ》な卵《たまご》から生《う》まれたのが怪《かい》鳥《ちょう》リトラだ。翼《つばさ》をひろげると二十メートルもあり、鳥《とり》とは虫《ちゅう》類《るい》の合《あ》いの子《こ》で、大《おお》むかしの始祖鳥《しそちょう》ににている。翼《つばさ》やつめの力《ちから》も強《つよ》いが、くちばしから不意《ふい》にふき出《だ》す強力《きょうりょく》なとかし液《えき》には、どんな怪獣《かいじゅう》でもまいってしまう。しかし、人間《にんげん》はおそわない、というふしぎな怪獣《かいじゅう》だ。

© 円谷プロ

④火星怪獣《かせいかいじゅう》ナメゴン

火星《かせい》からとんできたあやしい金色《きんいろ》の卵《たまご》。それを研究《けんきゅう》するために乗用車《じょうようしゃ》ではこぶと中《ちゅう》、とつぜん見《み》る間《ま》に、それは大《おお》きくなった。

そして、ばーんとはれつして卵《たまご》はやぶけ、自動車《じどうしゃ》をぶちぬき、ひきさいてしまったのだ。そして、卵《たまご》からかえったのは、ナメクジのお化《ば》けナメゴンだった。

火星怪獣《かせいかいじゅう》ナメゴンの卵《たまご》は、ふつう手《て》にのるほどの大《おお》きさだが、水分《すいぶん》をすうとふくれあがり、ものすごく大《おお》きくなってついには、はれつする。その爆発力《ばくはつりょく》は、ダイナマイト四本分《ほんぶん》とおなじすごさだ。

大《おお》きくなったナメゴンは体長《たいちょう》五十メートル、重《おも》さ約百《やくひゃく》トンで、どんなものでもおしつぶし、ゴムのようなからだで、弾丸《だんがん》もはねつけてしまう。

科学者《かがくしゃ》たちの名案《めいあん》で塩水《えんすい》をどっとかけたらみるみるとけてなくなってしまったのだ。

⑤電波《でんぱ》怪獣《かいじゅう》ガラダマ

とつぜん、東京《とうきょう》の羽田国際空港《はねだこくさいくうこう》は大《おお》さわぎになった。無電《むでん》の電波《でんぱ》が大《おお》きく乱《みだ》れ、管制塔《かんせいとう》の指令《しれい》がとどかず、空中衝突《くうちゅうしょうとつ》をする旅客機《りょかくき》さえでるさわぎだ。

そのさい中《ちゅう》に地《じ》ひびきをたてて、地中《ちちゅう》からあらわれたのは全身《ぜんしん》とげとげだらけの大怪獣《だいかいじゅう》ガラダマだったのだ。

ガラダマは、遠《とお》い銀河系《ぎんがけい》のX《エックス》遊星《ゆうせい》から地球《ちきゅう》を占領《せんりょう》するために送《おく》りこまれたイン石《せき》から出現《しゅつげん》した鉱物性《こうぶっせい》の怪物《かいぶつ》だ。そのイン石《せき》から発《はっ》する怪電波《かいでんぱ》によってゆうどうされて動《うご》き回《まわ》るガラダマは、自分自身《じぶんじしん》も強力《きょうりょく》な電波《でんぱ》を発生《はっせい》する。

その電力《でんりょく》はものすごく、十五万《まん》キロワット時《じ》、つまり一時間《じかん》に小都市全部《しょうとしぜんぶ》を明《あか》るくする電力《でんりょく》を発生《はっせい》するのだ。十五万《まん》キロワット時《じ》というと、東京《とうきょう》の国電《こくでん》の全車両《ぜんしゃりょう》を動《うご》かすことができ、家庭用《かていよう》の扇風機《せんぷうき》なら百万台《ひゃくまんだい》を回《まわ》すことができるものだ。

これを電波《でんぱ》にして発射《はっしゃ》すると、無電通信《むでんつうしん》はもちろん電子機《でんしき》械《かい》は全部《ぜんぶ》働《はたら》かなくなってしまう。そのため国際空港《こくさいくうこう》は大《おお》さわぎとなったのだ。

全長《ぜんちょう》四十メートル、体重《たいじゅう》二千《せん》トンというこの怪物《かいぶつ》が、どしんどしんと歩《ある》くたびにまわりは地震《じしん》がおきて家《いえ》もたおれてしまう。からだじゅうにはえているたくさんのとげは、ガラダマが動《うご》くたびに金属《きんぞく》の音《おと》を発《はっ》し、人間《にんげん》などは耳《みみ》がきーんとして、聞《き》こえなくなってしまうほどだ。

ガラダマは海《うみ》にもぐって港《みなと》をぶちこわしたり、貯水池《ちょすいち》にはいって巨大《きょだい》なダムを一おしでつきくずしてしまうのだ。

日本《にっぽん》の科学者《かがくしゃ》たちはいろいろくふうした結果《けっか》、電波《でんぱ》をとおさないものでつくった大《おお》きな網《あみ》をつくり、おそってきたガラダマにかぶせた。するとガラダマは動《うご》かなくなり、怪物《かいぶつ》もついにとらえられたのだ。

© 円谷プロ

⑥地《ち》底《てい》怪《かい》獣《じゅう》モングラー

「ラゼリーB《ビー》ワン」という、とくべつなえいよう剤《ざい》をつかって、成長《せいちょう》をはやくする実験《じっけん》が行《おこ》なわれていたとき、誤《あやま》ってそれを一度《ど》にたくさんのんだモグラが、みるみる大《おお》きくそだって怪物《かいぶつ》となったのがモングラーだ。

体長《たいちょう》五十メートルで、地中《ちちゅう》をほりすすむのがとくいで、どんなに堅《かた》いところでも、一日《にち》三十六キロもほりすすみ、火山《かざん》灰地《ばいち》などは時速《じそく》二十キロでほりすすむことができる怪獣《かいじゅう》だ。

富士山《ふじさん》ろくににげこんだモングラーを自衛隊《じえいたい》は戦車《せんしゃ》とロケット砲部隊《ほうぶたい》で包囲《ほうい》したが、一せいに撃《う》ちこんだ戦車砲弾《せんしゃほうだん》ははねかえし、ロケット弾《だん》はたたきおとしてしまい、びくともしない。

それどころか地中《ちちゅう》へもぐっては、ふいにあらわれて強《つよ》いいきをふきつける。これが風速《ふうそく》五十メートルの強風《きょうふう》になっておそう。

自衛隊《じえいたい》の人《ひと》たちはふきとばされ、戦車《せんしゃ》はとんできた砂《すな》に土《つち》にうめられ、動《うご》かなくなってしまったのだった。

⑦海《うみ》の大《おお》ダコ怪獣《かいじゅう》スダール

「なんだ！　どうしたんだ。」

船《ふね》がどしんと何《なに》かにしょうとつして止《と》まったので、マグロ漁船《ぎょせん》の船長《せんちょう》はあわててさけんだ。するとこんどは船《ふね》はぐーっと空中《くうちゅう》へもちあげられた。

「うわーっ！　たいへんだぞっ。」

乗組員《のりくみいん》たちは青《あお》くなった。そのとき、船《ふね》のむこうの水面《すいめん》が急《きゅう》にもりあがり、はげしくあわが立《た》ちはじめた。

「ああっ！　ば、ばけものだ。」

海水《かいすい》をはねあげて、ぬーっと海面《かいめん》にあらわれた怪物《かいぶつ》がある。おどろくべき巨大《きょだい》なタコで小《ちい》さなビルくらいありそうだ。数百《すうひゃく》メートルもありそうな長《なが》くて太《ふと》い足《あし》をぐーっとのばし、からみついた漁船《ぎょせん》をぐいっと空中《くうちゅう》へもちあげようとしている。

「に、にげるんだ、全速力《ぜんそくりょく》！」

船長《せんちょう》がさけんだときはおそかった。太《ふと》い足《あし》でぐるぐるまきにされた船《ふね》は、メリメリと音《おと》を立《た》ててつぶされはじめたのだ。

太平洋《たいへいよう》の南《みなみ》のある海域《かいいき》は、大《おお》ダコ怪獣《かいじゅう》スダールのすみか

© 円谷プロ

だ。ここにはいりこんだものはクジラでもスダールのえじきになった。うっかりマグロを追《お》ってはいりこんだこの漁船《ぎょせん》も、怪獣《かいじゅう》スダールのいかりにふれて、ぎせいになったのだ。

胴体《どうたい》の長《なが》さ百《ぴゃく》メートル、八本《ほん》の足《あし》はそれぞれ三百《びゃく》メートルという化《ば》け物《もの》ダコのスダールは、ものすごい大食《おおぐ》いで一度《ど》にこんなに食《た》べるのだ。マグロなら二千《せん》びき、サンマなら一万《まん》四千《せん》びき、サツマイモなら六千本《せんぼん》、そしてクジラなら一頭《とう》まるまるたべてしまう。

そして、おこって海面《かいめん》を足《あし》でたたくと、一撃《げき》で高《たか》さ五メートルの高波《たかなみ》がもりあがり、船《ふね》をくつがえし、海《かい》岸《がん》の家《いえ》をはかいしてしまう。しかし、水中爆雷《すいちゅうばくらい》をなげこんで、陸地《りくち》の方《ほう》においこんで、陸《りく》へにげあがらせると怪獣《かいじゅう》スダールも自分《じぶん》の重《おも》さでべったりとつぶれ、動《うご》けなくなってしまったのだ。

⑧宇宙怪獣《うちゅうかいじゅう》化《ば》け物《もの》のエイのボスタング

十五万《まん》トンのマンモス＝タンカーが、インド洋《よう》でなにものかにおそわれ、一撃《げき》でまっぷたつにされて沈没《ちんぼつ》して、世界《せかい》の人々《ひとびと》はふるえあがった。

これは怪獣《かいじゅう》ボスタングのしわざだった。宇宙《うちゅう》のむこうから地球《ちきゅう》にしゅうらいし、大海洋《だいかいよう》にもぐったこの怪物《かいぶつ》はエイにそっくりだが、ひれをひろげた大《おお》きさはなんと十メートル四方《ほう》。頭《あたま》の先《さき》からしっぽのはしまでは五十メートルもある。

巨大《きょだい》なひれで水面《すいめん》をたたいてとびあがり、ひれを翼《つばさ》のようにして飛行《ひこう》もする。このひれの力《ちから》の強《つよ》さはものすごい。一ふりのパンチ力《りょく》はなんと巨人軍《きょじんぐん》の王選手《おうせんしゅ》が十三万人《まんにん》ならんで一せいにホーマーを打《う》った力《ちから》と同《おな》じだし、そのたたく力《ちから》は戦艦《せんかん》大和《やまと》の四十六センチ砲《ほう》の一せい射撃《しゃげき》をした砲弾《ほうだん》九発分《はっぷん》のはかい力《りょく》とおなじとは、おそろしい怪物《かいぶつ》だ。

この怪獣《かいじゅう》を追《お》って、宇宙人《うちゅうじん》ゼミは、ルパーツ星《せい》から、地球《ちきゅう》にやってきた、ゼミのことばによるとボスタングは、キール星人《せいじん》が地球征服《ちきゅうせいふく》を目的《もくてき》として、地球《ちきゅう》へ送《おく》りこんだ怪魚《かいぎょ》だというのだ。

⑨南極《なんきょく》からあらわれたペンギン怪獣《かいじゅう》

原《げん》・水爆実験《すいばくじっけん》の放射能《ほうしゃのう》のえいきょうで、ペンギンがとつぜん変化《へんか》して、巨大《きょだい》な怪物《かいぶつ》になったのがこのペンギン怪獣《かいじゅう》のペギラだ。

体長百《たいちょうひゃく》メートルで、翼《つばさ》をつけ、口《くち》からふき出《だ》す冷凍光線《れいとうこうせん》によってすべてのものを凍《こお》らせ、同時《どうじ》に重力《じゅうりょく》をうしなわせて空《くう》中《ちゅう》にふきとばしてしまう。おそろしい怪物《かいぶつ》だが、コケからとった薬《くすり》ペギミンH《エッチ》にはいちころになる。

⑩空《そら》とぶマッハ怪獣《かいじゅう》キングギドラ

遠《とお》い金星《きんせい》から地球《ちきゅう》を滅《ほろ》ぼそうとイン石《せき》にはいりやってきたキングギドラは、まさに怪獣《かいじゅう》の王者《おうじゃ》だ。巨大《きょだい》な翼《つばさ》で空中《くうちゅう》をとび、おそろしい三つの頭《あたま》をふり立《た》てて、なにものをもおそれずにおそいかかる大怪獣《だいかいじゅう》なのだ。

体長《たいちょう》は百《ひゃく》メートル、羽《はね》をひろげると百《ひゃく》五十メートルにもなり、からだの重《おも》さは戦艦《せんかん》なみの三万《まん》トンという巨体《きょたい》だ。しかも、空中《くうちゅう》をとぶ速力《そくりょく》はものすごく、マッハ３（約時速五千キロ）という超速力《ちょうそくりょく》だ。

こんな猛《もう》スピードで飛行《ひこう》すると、そのときまきおこす衝撃《しょうげき》波《は》はおそろしい。高《たか》さ三百《びゃく》メートルで飛《と》びさっても、その下《した》にある建物《たてもの》のガラスはことごとくくだけちり、屋根《やね》のかわらはわれてふきとぶほどだ。

高《たか》さ二百《ひゃく》メートルだと、もっとすごい。木造《もくぞう》の家《いえ》はめりめりと音《おと》をたててかたむき、コンクリートの建物《たてもの》もびりびりとふるえて、よわいところはひびわれがはいってしまうほどだ。おもてをあるいている人《ひと》は、あっという間《ま》に数百《すうひゃく》メートルもふきとばされてしまう。

百《ひゃく》メートルの低空《ていくう》でとびぬけられたら、たいへんだ。温度《おんど》はあっという間《ま》に数百度《すうひゃくど》にあがり、地上《ちじょう》にあるものは一しゅんにしてもえあがってしまう。コンクリートの建物《たてもの》も壁《かべ》はくだけとんで鉄骨《てっこつ》がひんまがり、高《たか》いビルなどはくずれたおれてしまう。まさに原爆《げんばく》がおとされたそっくりのおそろしいさまになる。

このおそるべき大怪獣《だいかいじゅう》をたいじするために日本《にっぽん》の陸《りく》・海《かい》・空《くう》の自衛隊《じえいたい》が出動《しゅつどう》したが、みるみるやられてしまった。キングギドラがとくいの武器《ぶき》と戦法《せんぽう》をつかったからなのだ。

⑪引力《いんりょく》ぶ

キングギドラのひみつ

くろ
引力光線《いんりょくこうせん》のもとになる
鋼鉄《こうてつ》よりもかたいシリコンばね
■角《つの》
方向探知《ほうこうたんち》の役《やく》をする
夜《よる》でも見《み》える目《め》
■ギドラ脳《のう》
頭《あたま》にある伝達脳《でんたつのう》から送《おく》られてきた命令《めいれい》をからだの動《うご》きに伝達《でんたつ》する
脳《のう》の命令《めいれい》を足《あし》につたえる伝達脳《でんたつのう》
■ギドラ腸《ちょう》
なんでもとかしてエネルギーに変《か》える
■しびれきば
きばの先《さき》からしびれ液《えき》を発射《はっしゃ》する
マッハ3で飛《と》べる巨大《きょだい》な羽《はね》

戦闘機《せんとうき》でおいかけても、マッハ3の速力《そくりょく》でとばれてはおいつけない。そのうえ、キングギドラが低空《ていくう》で航空基地《こうくうきち》の上空《じょうくう》をとびぬけただけで、出撃準備中《しゅつげきじゅんびちゅう》の戦闘機《せんとうき》はふきとびぶつかりあって火《ひ》を発《はっ》して全滅《ぜんめつ》してしまったのだ。

陸上自衛隊《りくじょうじえいたい》は重砲《じゅうほう》をならべてつるべうちにしたが、砲弾《ほうだん》は堅《かた》い皮膚《ひふ》にあたって爆発《ばくはつ》してもくだくことはできない。戦車《せんしゃ》隊《たい》がとつげきしたが、三万《まん》トンの体重《たいじゅう》をかけた足《あし》でぺちゃんこにふみつぶされてしまうのだ。海上《かいじょう》にならんだ海上自衛隊《かいじょうじえいたい》の護衛艦隊《ごえいかんたい》が一せい射撃《しゃげき》をすると、キングギドラはとっておきの武器《ぶき》をついにつかった。それはおそるべき引力光線《いんりょくこうせん》だ。

この大怪獣《だいかいじゅう》のはく引力光線《いんりょくこうせん》にあたると、すべてのものは重《じゅう》力《りょく》をうしなって、宙《ちゅう》にまいあがってしまう。あっという間《ま》に砲門《ほうもん》を天《てん》にむけた護衛艦隊《ごえいかんたい》は、木《き》の葉《は》のように宙《ちゅう》にとびちってしまったのだ。こうして自衛隊《じえいたい》はうちくだかれてしまった。

しかし、日本《にっぽん》のすぐれた科学者《かがくしゃ》たちは、怪獣《かいじゅう》たいじの新兵《しんぺい》器《き》をついにつくった。青白《あおじろ》い光線《こうせん》が発射《はっしゃ》されると、それは白《しろ》いきりとなって怪獣《かいじゅう》をつつみこみ、動《うご》けないようにしてしまった。冷凍《れいとう》ビーム砲《ほう》だったのだ。

⑪潜水艦《せんすいかん》もこわす大海獣《だいかいじゅう》マンダ

深《ふか》さ一万《まん》メートル以上《いじょう》の深海《しんかい》にすむという大海獣《だいかいじゅう》マンダは、体長《たいちょう》三百《びゃく》五十メートル、胴体《どうたい》の太《ふと》さ十メートルという怪物《かいぶつ》で、巨大《きょだい》な二千燭光《せんしょくこう》の目《め》を光《ひか》せて水中《すいちゅう》を時速《じそく》六十キロでおよぐほどの力《ちから》がある。

潜水艦《せんすいかん》をまきつけて、一いきでつぶしてしまう怪力《かいりき》だが、スレッシャーのような、なぞの沈没事件《ちんぼつじけん》もマンダのせいだろうといわれるのだ。

大海竜《だいかいりゅう》マンダ

⑫大怪獣《だいかいじゅう》ゴジラのひみつ

地球上《ちきゅうじょう》で行《おこ》なわれる原爆実験《げんばくじっけん》から放射能《ほうしゃのう》によって生《う》まれた怪獣《かいじゅう》がゴジラだ。

体長《たいちょう》は五十メートル、体重《たいじゅう》は二万《まん》トンもあって、これはゾウなら五千頭《せんとう》、ライオンなら十万頭《まんとう》と同《おな》じ重《おも》さなのだ。

からだは厚《あつ》い岩《いわ》のような皮膚《ひふ》におおわれ、おそろしいつめと長《なが》いしっぽをもつ。このしっぽの打撃力《だげきりょく》はものすごく、一うちで鉄橋《てっきょう》もへしおってしまう。

ま正面《しょうめん》からおそわれる以外《いがい》はこの尾《お》をつかって一撃《げき》でたたきたおしてしまう。ま正面《しょうめん》からくる敵《てき》に対《たい》しては、するどいつめのついた前足《まえあし》で戦《たたか》うが、いよいよとなると、とくいのひみつ兵器《へいき》、口《くち》からふき出《だ》す放射能《ほうしゃのう》の火炎《かえん》を使《つか》うのだ。この火炎《かえん》は、せっ氏《し》八百度《ぴゃくど》というナパーム弾《だん》と同《おな》じくらいの高熱《こうねつ》と、生物《せいぶつ》を一いきでおとろえさせてしまう放射能《ほうしゃのう》をもっている。

この、放射能火炎《ほうしゃのうかえん》をふき出《だ》すひみつは、ふしぎな発熱帯《はつねつたい》のせいだ。この発熱帯《はつねつたい》は肺《はい》の上《うえ》にあって、おこると原子炉《げんしろ》のように熱《ねつ》して放射能《ほうしゃのう》が発生《はっせい》する。その発熱帯《はつねつたい》の上《うえ》に発火《はっか》する液《えき》のはいっているふくろがあり、それがふき出《だ》されると同時《どうじ》に発火《はっか》し、ものすごい火炎《かえん》となって数《すう》十メートルもとぶ。

ゴジラのかくれ家《が》は深海《しんかい》の底《そこ》のどうくつだ。もともとゴジラは二億年前《おくねんまえ》にさかえたは虫類《ちゅうるい》だったが、地球《ちきゅう》の気候《きこう》の変化《へんか》をさけて海中《かいちゅう》にはいり、どうくつで長《なが》い間冬眠《あいだとうみん》をつづけてきた。それが放射能《ほうしゃのう》をうけて怪物《かいぶつ》になったものだから、海中《かいちゅう》も平気《へいき》であるき回《まわ》る。

この怪獣《かいじゅう》ゴジラをやっつけようと、ちえをしぼった日本《にっぽん》の科学者《かがくしゃ》は、酸素《さんそ》を急《きゅう》げきになくしてしまう薬品《やくひん》をつめた爆弾《ばくだん》を用意《ようい》し、水中《すいちゅう》からゴジラが出《で》ようとするところへ一発《ぱつ》おとした。さすがのゴジラもいきがくるしくなり、とくいの火炎《かえん》も酸素《さんそ》がなくてはもえあがらず、くるしみながら海底《かいてい》にたおれていった。

ゴジラのこれまでの対戦相手《たいせんあいて》の怪獣《かいじゅう》には、キングコング、キングギドラ、エビラ、ラドンなどがいる。

ゴジラ対《たい》キングギドラ→

←エビラ対《たい》ゴジラ

怪獣《かいじゅう》エビラは太平洋《たいへいよう》のレッチ島《とう》近《きん》海《かい》で生《う》まれ、全長《ぜんちょう》五十メートル、体重《たいじゅう》二万《まん》三千《ぜん》トンのエビのお化《ば》け怪獣《かいじゅう》だ。

⑬地底怪獣《ちていかいじゅう》バラゴン

松代地震《まつしろじしん》で名高《なだか》い中部山岳地帯《ちゅうぶさんがくちたい》は、日本列島《にほんれっとう》を二つにわる大断層《だいだんそう》がある。この断層線《だんそうせん》に沿《そ》って大山脈《だいさんみゃく》や火山《かざん》ができているわけだ。

ところが、この中部山岳地帯《ちゅうぶさんがくちたい》に沿《そ》って、地震《じしん》がたえまなくおこり、地方《ちほう》の人々《ひとびと》が不安《ふあん》なまい日《にち》を送《おく》っているある日《ひ》、とつぜん大地《だいち》がさけて巨大《きょだい》な怪物《かいぶつ》が出現《しゅつげん》した。これが地底怪獣《ちていかいじゅう》バラゴンだった。

体長《たいちょう》三十メートルで体重《たいじゅう》二百《ひゃく》五十トンの巨体《きょたい》だ。全身《ぜんしん》にとがったひれをつけ、大《おお》きな角《つの》をひたいにはやし、巨大《きょだい》なしっぽをもつ。

このしっぽと、がんじょうなあと足《あし》で一はねすると、なんと百《ひゃく》メートルも

一とびできる。動《うご》きはすばしこく、地《ち》上《じょう》で時速百《じそくひゃく》五十キロ、地中《ちちゅう》をほりすんでも、時速《じそく》二五キロという猛《もう》スピードだ。

しかも、前足《まえあし》のたたく力《ちから》はつよく、どんな岩《いわ》でも一撃《げき》でくだけちる。鉄《てつ》のように堅《かた》い頭《あたま》をつかって頭《ず》つきすると、五万《まん》トンの巨船《きょせん》でも一つきでおれてふっとんでしまう。

また、ひたいのつのから怪《あや》しい光線《こうせん》を発《はっ》し敵《てき》とするあい手《て》をくらくらさせてしまうのだ。長野県白根山《ながのけんしらねさん》の火口湖《かこうこ》をすみ家《か》にして、あらわれたり、かくれたりする。

この地底怪獣《ちていかいじゅう》バラゴンは地上《ちじょう》にあらわれては、日本各地《にっぽんかくち》をあばれまわり、都市《とし》や町村《ちょうそん》を破壊《はかい》していった。

⑭銀河系《ぎんがけい》からきたセミ怪人《かいじん》

なん百万光年《びやくまんこうねん》という遠《とお》い第《だい》二銀河系《ぎんがけい》のジグリ星《せい》からおそろしい怪人《かいじん》がやってきた。それが怪物《かいぶつ》セミ怪人《かいじん》だ。体長《たいちよう》は約《やく》二メートル、全身《ぜんしん》にふしがあってのびちぢみが自由《じゆう》なため、たちどころに十メートルにも、三十センチにもなれるふしぎな能力《のうりよく》をもつ怪物《かいぶつ》だ。羽《はね》を使《つか》って時速《じそく》五百《ひやく》キロでとべるし、するどいくちばしは岩《いわ》をもくだくものすごい力《ちから》がある。

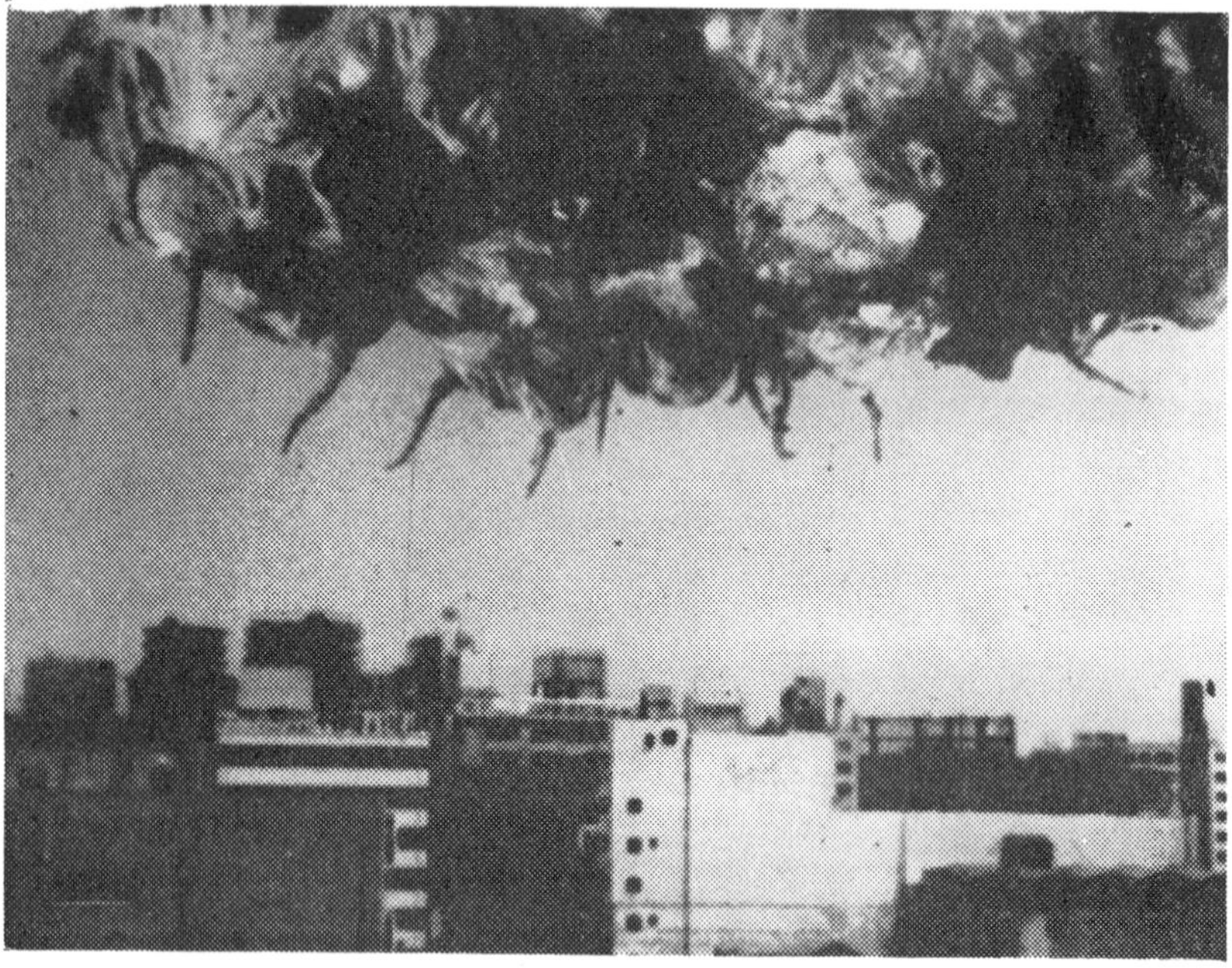

⑮風船怪獣《ふうせんかいじゆう》バルンガ

宇宙《うちゆう》からきた奇怪《きかい》な怪物《かいぶつ》が風船怪獣《ふうせんかいじゆう》バルンガだ。雲《くも》のかたまりのようなこの怪物《かいぶつ》は、電《でん》気《き》を食《た》べてはふくれあがって大《おお》きくなる。

そして台風《たいふう》のエネルギーも、水爆《すいばく》の核爆発《かくばくはつ》もすいこんで成長《せいちよう》し、ついに直径数《ちよつけいすう》十キロというスーパー怪物《かいぶつ》になってしまう。これが地《ち》上《じよう》におりてきたら都市《とし》でもやられてしまうが、バルンガは太陽《たいよう》エネルギーを求《もと》めて宇宙《うちゆう》に去《さ》る。

© 円谷プロ

⑯お金《かね》をくう怪獣《かいじゅう》カネゴン

金属《きんぞく》をかじる金《きん》くいカブトムシの幼虫《ようちゅう》を食《た》べた動物《どうぶつ》は、みんな大《おお》きな口《くち》をもったカネゴンにかわるのだ。この怪獣《かいじゅう》カネゴンは体長約《たいちょうやく》二メートル、コインがすきで大《おお》きな口《くち》でいくらでも食《た》べてしまう。

また、胸《むね》にはメーターがついていて、コインをたべるたびにメーターが動《うご》き、おなかにはいったお金《かね》の量《りょう》がすぐわかるようになっている。

この怪物《かいぶつ》は、ちゅうがえりをして空中《くうちゅう》にとびあがるのがとくいで、一とび二百《ひゃく》メートルくらいとべる不思議《ふしぎ》な怪獣《かいじゅう》だ。

© 円谷プロ

⑰北極海《ほっきょくかい》の怪獣《かいじゅう》トドラ

北極《ほっきょく》の氷《こおり》の世界《せかい》でうまれたアザラシが、宇宙線《うちゅうせん》をうけて成長《せいちょう》し、ものすごく巨大《きょだい》な怪獣《かいじゅう》になったのが、怪獣《かいじゅう》トドラだ。体長《たいちょう》三十メートル、水中《すいちゅう》を大《おお》きなひれで時速《じそく》八十キロでおよぎ、軍艦《ぐんかん》でもなかなかおいつけない。

長《なが》さが五メートルもある堅《かた》いきばをもち、これで軍艦《ぐんかん》もあなをあけられ、また一はねしてとびのると、大《おお》きな氷《ひょう》山《ざん》もわれてしまう。

⑱深海怪獣《しんかいかいじゅう》ピーターのなぞ

深《ふか》さ数千《すうせん》メートルの海底《かいてい》にすむ怪獣《かいじゅう》ピーターは陸上《りくじょう》でも平気《へいき》という水陸両《すいりくりょう》用《よう》のなぞの怪獣《かいじゅう》。とくべつのリンパ液《えき》を体内《たいない》にもち、温度《おんど》があがるとどんどん大《おお》きくなれる。ふつうのときはゼニガメのような小《ちい》さいからだだが、人間《にんげん》のことばもしゃべることができる。そして、海面《かいめん》を出《で》て空中電気《くうちゅうでんき》を感《かん》じると元気《げんき》になり、雷《かみなり》をうけると数《すう》十メートルの巨体《きょたい》にもなる。そして、数千《すうせん》ボルトの電気《でんき》の火花《ひばな》をとびちらしてあばれまわるタツノオトシゴと恐竜《きょうりゅう》の合《あ》いの子《こ》のような姿《すがた》の大怪獣《だいかいじゅう》だ。

© 円谷プロ

© 円谷プロ

⑲なぞの怪鳥《かいちょう》ラルギュース

夜《よる》の動物園《どうぶつえん》からゾウがなぞの大怪物《だいかいぶつ》にさらわれて大《おお》さわぎになった。この怪物《かいぶつ》の正体《しょうたい》こそ怪獣《かいじゅう》ラルギュースだったのだ。ラルギュースは、数千万年前《すうせんまんねんまえ》、恐竜《きょうりゅう》が進化《しんか》してはじめて空《そら》をとぶようになった始祖鳥《しそちょう》の子孫《しそん》の一種《しゅ》。

しかも不思議《ふしぎ》なことに、ふだんは人間《にんげん》の手《て》のひらにのるようなかわいらしい小鳥《ことり》だが、ひとたび空腹《くうふく》となったり、はげしくいかると見《み》る見《み》る大《おお》きくなり、全長《ぜんちょう》四十三メートルもある大怪鳥《だいかいちょう》にかわるのだ。

そして、ものすごくどうもうになり、ゾウのような巨獣《きょじゅう》さえおそってさらい、するどいくちばしをつきさして生血《なまち》をすい、肉《にく》をくうのだ。

空中《くうちゅう》をとぶ速《はや》さはマッハ一・五。足《あし》でつかみあげられる重《おも》さは十トン。肉《にく》なら一どに五トンたべないとおなかがくちくならないのだ。

⑳貝《かい》の怪獣《かいじゅう》ゴーガ

南太平洋《みなみたいへいよう》の孤島《ことう》からわたってきたふしぎなゴーガの像《ぞう》のなかから、カタツムリににた怪獣《かいじゅう》が出《で》てきたが、それは水分《すいぶん》をすってみるみる成長《せいちょう》して巨大《きょだい》な貝《かい》の怪獣《かいじゅう》となった。

いまから、五千年前《せんねんまえ》、さかえていたアランカ帝国《ていこく》が、巨大《きょだい》な貝《かい》の怪獣《かいじゅう》にほろぼされてしまったという伝説《でんせつ》が、のこっているが、その怪獣《かいじゅう》が五千年《せんねん》たって、また生《い》きかえったのだ。

これが貝《かい》の怪獣《かいじゅう》ゴーガで、大《おお》きさは五メートル、カタツムリのように長《なが》いとび出《で》た目《め》をもっている。

この目《め》がおそろしい武器《ぶき》で、ここからおそろしい鉄《てつ》をもとかすとかし液《えき》をふき出《だ》す。

だから、のっそりと動《うご》いて建物《たてもの》をつぶす怪獣《かいじゅう》ゴーガをたいじするために出動《しゅつどう》した自衛隊《じえいたい》もさんざんにやられてしまう。

このとかし液《えき》をあびせられ、砲門《ほうもん》をそろえた六一式戦車隊《しきせんしゃたい》も三十秒《びょう》でつぎつぎととけてしまい、空中《くうちゅう》から攻撃《こうげき》したF《エフ》一〇四戦闘機《せんとうき》もふきかけられたとかし液《えき》で、たった十秒《びょう》のあいだにとけておちてしまった。しかし、このゴーガも冷凍爆弾《れいとうばくだん》には、こちこちに凍《こお》ってやられてしまった。

㉑地球人《ちきゅうじん》をさらう怪物《かいぶつ》
ケムール人《じん》

遠《とお》い銀河系《ぎんがけい》の未知《みち》の星《ほし》にすむケムール人《じん》は、頭脳《ずのう》だけが生《い》きていて肉体《にくたい》は死《し》んでいる奇怪《きかい》な怪獣《かいじゅう》だ。そこで、地球《ちきゅう》へ生《い》きている人間《にんげん》の肉体《にくたい》をうばうためにやってきたのだ。

全長百《ぜんちょうひゃく》メートル、東京《とうきょう》タワーもへしおる強《つよ》いうでをもち、しかも肉体《にくたい》が死《し》んでいるため、いくら弾丸《だんがん》を撃《う》ちこんでもたおれない。ただ頭《あたま》をうてば、この怪獣《かいじゅう》もまいってしまう。

このケムール人《じん》は人間《にんげん》を消《け》す特殊《とくしゅ》な液体《えきたい》をもっている。この消去《しょうきょ》エネルギーは高温《こうおん》になると燃《も》えあがる性質《せいしつ》をもっており、ケムール人《じん》の意思《いし》どおりに動《うご》く。遊園地《ゆうえんち》で怪物《かいぶつ》ケムール人《じん》は火《ひ》だるまになって消滅《しょうめつ》してしまった。

㉒マンモスザル・ゴロー

動物《どうぶつ》ずきの少年《しょうねん》五郎《ごろう》がかわいがっていた一ぴきのサルが、動物学研究所《どうぶつがくけんきゅうじょ》で生物《せいぶつ》の栄養剤《えいようざい》としてつかっていたヘリプトロンG《ジー》という薬品《やくひん》をうっかりたくさんのんでしまった。

この薬《くすり》は、動物《どうぶつ》がこれをのむと、ものすごく大《おお》きなものになってしまうというおそろしい薬《くすり》だ。

そのため、このサルはたちまち、背《せ》の高《たか》さ百《ひゃく》メートルにもなって、天城山《あまぎさん》へにげこみ、大《おお》あばれをはじめた。ケーブルカーなども両手《りょうて》でひきちぎってしまう。警察《けいさつ》や自衛隊《じえいたい》の力《ちから》では手《て》におえない。そこでけんめいに対策《たいさく》を考《かんが》えた結果《けっか》、眠《ねむ》り薬《ぐすり》を入《い》れたバナナを食《た》べさせ、とらえたのだ。

㉓化《ば》け物《もの》グモのタランチュラ

アメリカのネバダ州《しゅう》は原爆《げんばく》の大実験《だいじっけん》場《じょう》だが、そこで放射能《ほうしゃのう》をうけたとりとりグモが、体長《たいちょう》二十メートル、足《あし》の長《なが》さ八十メートルにもなったのが、大毒《おおどく》グモのタランチュラだ。

からだじゅうにこわい毛《け》が生《は》え、長《なが》くするどいくちばしで生《い》き物《もの》をさすがその毒《どく》はとても強《きょう》れつで、大《おお》きな牛《うし》やゾウでもたおしてしまうほどだ。

㉔銃弾《じゅうだん》もはねかえす原爆《げんばく》アリ

ネバダ州《しゅう》の原爆実験《げんばくじっけん》の放射能《ほうしゃのう》にえいきょうされて、六年間《ねんかん》に体長《たいちょう》五十メートルにも成長《せいちょう》した原爆《げんばく》アリが、ジャイアントだ。

からだは鋼鉄《こうてつ》のようにかたく、機関銃《きかんじゅう》の弾丸《だんがん》もはねかえしてしまう。くちばしからはギ酸《さん》といって生物《せいぶつ》が一さしで死《し》ぬ劇薬《げきやく》を出《だ》す。メキシコの砂漠《さばく》に深《ふか》いトンネルをつくってすむが、その入《い》り口《ぐち》の直径《ちょっけい》は三十メートルもある。

㉕炭素《たんそ》をたべるドゴラ

宇宙《うちゅう》のなぞの星《ほし》からやってきた巨大《きょだい》なアミーバが怪獣《かいじゅう》ドゴラだ。全長最大《ぜんちょうさいだい》で百《ひゃく》メートル。

単細胞《たんさいぼう》だから、どんなにやられてばらばらになっても、その一つ一つが、またもとの巨大《きょだい》なドゴラに成長《せいちょう》するおそるべき生物《せいぶつ》だ。

地球《ちきゅう》の石炭《せきたん》やダイヤモンドなど炭素《たんそ》をねらってやってきた怪獣《かいじゅう》で、そのいくつもの触手《しょくしゅ》でどんなものでもおしつぶしてしまう。

㉖怪獣《かいじゅう》モスラはガの怪物《かいぶつ》

南太平洋《みなみたいへいよう》の孤島《ことう》インファント島《とう》の原《げん》住民《じゅうみん》が守《まも》り神《がみ》として大切《たいせつ》にしていたのが、ガの怪物《かいぶつ》のモスラだ。

卵《たまご》は長《なが》さ五十メートル、直径《ちょっけい》二十メートルというばかでかいもので、青白《あおじろ》い光《ひかり》さえはなつ。

この卵《たまご》がかえると、長《なが》さ四十メートルの巨大《きょだい》な幼虫《ようちゅう》になり、ぐんぐん大《おお》きくなって、三倍《ばい》の百《ひゃく》二十メートルにもなる。この幼虫《ようちゅう》モスラは、東京《とうきょう》タワーにくっついてマユ玉《だま》をつくってなかにはいってしまう。

そして、さいごに巨大《きょだい》なガとなってとび出《だ》すが、翼《つばさ》をひろげると全長《ぜんちょう》二百《ひゃく》五十メートルにもなる。

モスラ
REPUBLIC

㉗ロボット怪獣《かいじゅう》モゲラ

宇宙《うちゅう》のはしのアンドロメダ星雲《せいうん》の遊星《ゆうせい》からはるばる地球征《ちきゅうせい》服《ふく》のために送《おく》りこまれてきたロボット怪獣《かいじゅう》がモゲラだ。とくべつの鋼鉄製《こうてつせい》で、どんな弾丸《だんがん》もはねかえし、火炎放射機《かえんほうしゃき》の攻《こう》撃《げき》にもびくともしない恐《おそ》るべき怪獣《かいじゅう》だ。くちばしに回転翼《かいてんよく》がついていて、これをまわしてコンクリートの建物《たてもの》もへしおってしまう。そして地中《ちちゅう》をモグラのようにものすごいスピードでほり進《すす》み、両眼《りょうがん》からレーザー光線《こうせん》をはなち、なんでもやきはらう怪獣《かいじゅう》だ。

㉘南氷洋《なんぴょうよう》の怪獣《かいじゅう》マグマ

南極大陸《なんきょくたいりく》の下《した》の海底《かいてい》にすむ全長百《ぜんちょうひゃく》メートルの怪獣《かいじゅう》がマグマだ。

クマとアザラシの合《あ》いの子《こ》の怪獣《かいじゅう》ですするどい長《なが》い二本《ほん》のきばをもっている。

海中《かいちゅう》を時速《じそく》六十キロでおよぎ、南氷洋《なんぴょうよう》に集《あつ》まるクジラをかたっぱしから食《た》べてしまう。

© 円谷プロ

㉙古代怪獣《こだいかいじゅう》ゴメス

日本《にっぽん》の山梨県《やまなしけん》に出現《しゅつげん》した怪獣《かいじゅう》ゴメスは、大《おお》むかしさかえたらんぼう者《もの》の肉食怪獣《にくしょくかいじゅう》アロザウルスの一種《しゅ》で、体長《たいちょう》は十メートルあまりもある。

長《なが》いつのをはやし、口《くち》にするどく長《なが》い二本《ほん》のきばとするどい足《あし》のつめがゴメスのおそるべき武器《ぶき》だ。

© 東宝

㉚巨竜怪獣《きょりゅうかいじゅう》 アンギラスの正体《しょうたい》

一億年前《おくねんまえ》ごろさかえた大《おお》むかしの怪獣《かいじゅう》ステゴザウルスとトリケラトプスの合《あ》いの子《こ》が怪獣《かいじゅう》アンギラスだ。沈《しず》んだ海底大陸《かいていたいりく》で数千万年《すうせんまんねん》も冬眠《とうみん》し、地上《ちじょう》に現《あら》われてあばれ出《だ》したものだ。

体長《たいちょう》六十メートル、背中《せなか》一面《めん》にとげがあり、頭《あたま》にはいたるところにつのがはえている。皮膚《ひふ》は岩《いわ》のように堅《かた》く、長《なが》いしっぽにも先《さき》まで鋭《するど》いとげがはえている。

ふだんは四本足《ほんあし》であるくが、いざというときは立《た》ちあがって敵《てき》と戦《たたか》うのだ。同時《どうじ》にしっぽもつかって敵《てき》をたたきたおす。脳《のう》みそが頭《あたま》のほか、肩《かた》や腰《こし》にあっていざというとき前足《まえあし》やあと足《あし》をびんしょうに動《うご》かす働《はたら》きをする。

4.

ウルトラ怪獣《かいじゆう》血戦《けっせん》画報《がほう》

© 東宝

ラゴン対《たい》ネロンガの血戦《けっせん》

ラゴン

海底原人《かいていげんじん》ラゴンは、五千《せん》メートルの深海《しんかい》に住《す》む二億年前《おくねんまえ》の先住原人《せんじゅうげんじん》だ。身長《しんちょう》は二メートルくらいだが、プランクトンを食《た》べすぎて、六十メートルの巨大《きょだい》な怪獣《かいじゅう》になり、大《おお》あばれした。

このラゴンは、卵《たまご》から生《う》まれるのだが、ラゴンの住《す》みかにしていた海底《かいてい》の近《ちか》くで、火山《かざん》が爆発《ばくはつ》したため、全《ぜん》めつしてしまった。

ネロンガ

伊豆半島《いずはんとう》を荒《あ》らしまわった姿《すがた》なき怪獣《かいじゅう》ネロンガは、電気《でんき》を食《た》べて生《い》きているという変《か》わった生物《せいぶつ》だ。そして、電気《でんき》を体内《たいない》に入《い》れると姿《すがた》が見《み》えてくる。頭《あたま》の角《つの》のあいだから、はかい光線《こうせん》を出《だ》すが、この強力《きょうりょく》な光線《こうせん》は、一しゅんにして、ビルでも戦車《せんしゃ》でも焼《や》きつくしてしまうという強力《きょうりょく》なものだ。また、しっぽの力《ちから》も強《つよ》く、四万《まん》トンの体重《たいじゅう》を利用《りよう》した一撃《げき》は地上最強《ちじょうさいきょう》のチョップ力《りき》だ。

アントラー

アラビアの大砂漠《だいさばく》バラージ付近《ふきん》で生《う》まれたアリのお化《ば》けで、身長《しんちょう》は四十メートル、重《おも》さ二万《まん》トンの怪獣《かいじゅう》。触角《しょっかく》から七色《いろ》の電磁波光線《でんじはこうせん》を出《だ》し、電磁《でんじ》バリアとなってたまをさえぎり、これがアントラーの武器《ぶき》だ。かく乱波《らんは》となって飛行機《ひこうき》をつかまえる。

このアントラーのよわみは〝バラージの青《あお》い石《いし》〟を投《な》げつけられると、死《し》んでしまうことだ。

ガボラ

レッドキング

ウラン二三五が好物《こうぶつ》の怪獣《かいじゅう》ガボラは、口《くち》から強力《きょうりょく》な放射能光線《ほうしゃのうこうせん》をはく、とても危険《きけん》な怪《かい》物《ぶつ》だ。普通《ふつう》は地下《ちか》に住《す》むがウランを求《もと》めてときどき地上《ちじょう》に現《あら》われる

キングコングと恐竜《きょうりゅう》のテイラノザウルスをいっしょにした恐竜怪《きょうりゅうかい》獣《じゅう》で、ウルトラ怪獣《かいじゅう》で一番《ばん》のあばれものだ。

この怪獣《かいじゅう》のよわみは心臓《しんぞう》にスペシウム光線《こうせん》を打《う》ちこまれることだ

ジラース

モンスター博士《はかせ》とよばれる動物学者《どうぶつがくしゃ》・伏見博士《ふしみはかせ》が飼育《しいく》した怪獣《かいじゅう》で、強《つよ》いしっぽを持《も》つえり巻《ま》き恐竜《きょうりゅう》だ。二億年前《おくねんまえ》にいた恐竜《きょうりゅう》の生《い》き残《のこ》りで、背《せ》の高《たか》さ四十メートル、スコットランドのネス湖《こ》とよく似《に》ている川西湖《かわにしこ》に住《す》んでいる。

川西湖《かわにしこ》は、つりの名所《めいしょ》で、年中《ねんじゅう》つり人《びと》でにぎわっていたがある日《ひ》、カーバイトを流《なが》しこんで湖《みずうみ》の魚《うお》を一きょにとろうとしたふたり組《ぐみ》の男《おとこ》のために、苦《くる》しくなったジラースがとびだした。いかり狂《くる》ったジラースは、飼《か》い主《ぬし》のモンスター博士《はかせ》の命令《めいれい》もきかず、逆《ぎゃく》に博士《はかせ》を殺《ころ》し、上陸《じょうりく》してあばれまわった。

そして、ついにウルトラマンと対決《たいけつ》するのだった。

ベムラー

宇宙怪獣《うちゅうかいじゅう》としては、やや小《こ》がら（身長《しんちょう》三十メートル）だが、宇宙《うちゅう》の死刑囚《しけいしゅう》といわれる凶《きょう》暴《ぼう》な怪獣《かいじゅう》。ウルトラマンに追《お》われて地球《ちきゅう》に逃《に》げこんできた。

ベムラー対《たい》ラゴンの血戦《けっせん》

この宇宙《うちゅう》の死刑囚《しけいしゅう》（ベムラー）と海底怪獣《かいていかいじゅう》（ラゴン）が対決《たいけつ》すれば、どちらが勝《か》つだろうか？ ベムラーは水陸両《すいりくりょう》用型《ようがた》の怪獣《かいじゅう》。ラゴンは海底《かいてい》が得意《とくい》だが、陸《りく》では弱《よわ》いので、なんとかベムラーを海中《かいちゅう》へ引《ひ》きこもうとするだろう。それにベムラーの武器《ぶき》である熱火線《ねっかせん》も、水中《すいちゅう》では使《つか》えない。ベムラーの角《つの》をつかんで海中《かいちゅう》へ引《ひ》きずりこもうとするラゴン、だがベムラーも宇宙《うちゅう》を流《なが》れとぶてごわい怪獣《かいじゅう》。四十万《まん》馬力《ばりき》をふりしぼって反撃《はんげき》する!!

マグラー対《たい》チャンドラーの血戦《けつせん》

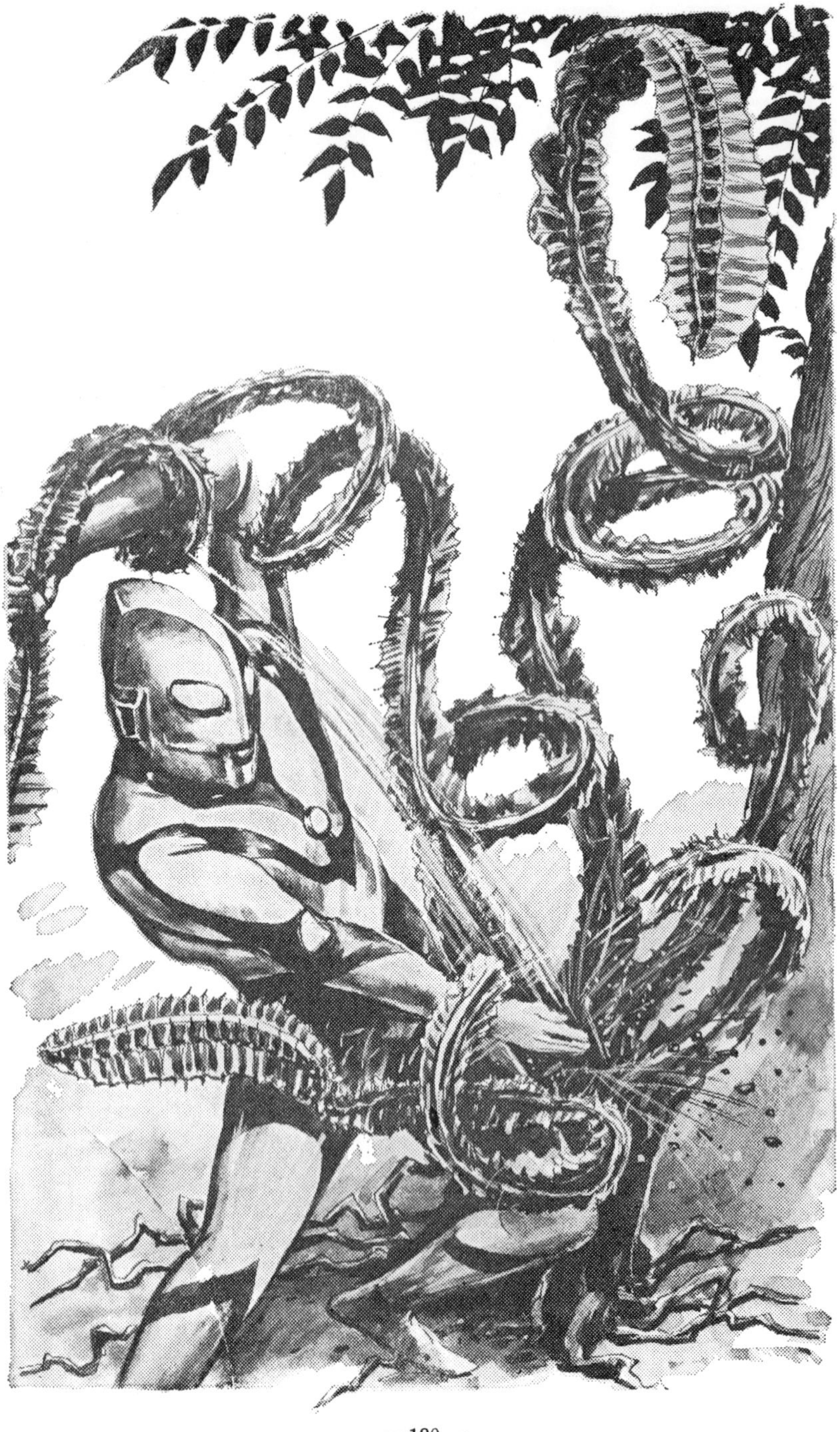

マグラー

背中《せなか》にダイヤモンドより堅《かた》いとげがはえている。地底数百《ちていすうひゃく》メートルに住《す》んでいるので、動《うご》きはにぶいが、ムチのように強《つよ》く細長《ほそなが》いしっぽをもっている。また、土《つち》をほりかえす力《ちから》も強《つよ》い。

身長《しんちょう》は四十メートル、重量《じゅうりょう》二万《まん》トンの中型怪獣《ちゅうがたかいじゅう》で、重《おも》さと熱《ねつ》に強《つよ》い。チャンドラーと同《おな》じ場所《ばしょ》に住《す》んでいるので、よく争《あらそ》うことがある。

チャンドラー

翼《つばさ》はあるが、あまり重《おも》すぎるので空《そら》を飛《と》ぶことはできない。そのかわり、翼《つばさ》をバタバタさせて風速《ふうそく》六十メートルの風《かぜ》をおこし、相手《あいて》を倒《たお》してしまう。その上《うえ》、鋭《するど》い二本《ほん》のきばを持《も》ち、たいていの猛獣《もうじゅう》は、このきばで引《ひ》きさいてしまう。とても、おこりっぽく、マグラーと戦《たたか》うのも、いつもチャンドラーの方《ほう》が先《さき》にしかけていく。

スフラン

南方《なんぽう》の孤島《ことう》にはえている吸血植物《きゅうけつしょくぶつ》が、スフランで、近《ちか》くを動物《どうぶつ》が通《とお》りかかると、長《なが》い腕《うで》のような葉《は》がまきついてしめ殺《ころ》してしまうという恐《おそ》ろしい怪《かい》植物《しょくぶつ》だ。

地球《ちきゅう》の危機《きき》を救《すく》うため、正義《せいぎ》の使者《ししゃ》ウルトラマンがやって来《き》て、スフランに立《た》ち向《む》かった。ウルトラマンの空手《からて》チョップがうなる……。

ゴルゴス

岩石《がんせき》が集《あつ》まって生《う》まれた怪獣《かいじゅう》が、この岩石怪獣《がんせきかいじゅう》ゴルゴスだ。目方《めかた》が重《おも》く、人間《にんげん》や家《いえ》もおしつぶしてしまう。つきあたる力《ちから》は豊登《とよのぼり》の一万倍《まんばい》で、鉄《てつ》をすいよせることができる。しかし、背中《せなか》に急所《きゅうしょ》があり、ここを刺《さ》されると死《し》んでしまう。

ドドンゴ

新《あたら》しく発掘《はっくつ》された古代《こだい》の遺跡《いせき》から人間《にんげん》のミイラが発見《はっけん》された。ところが、このミイラ人間《にんげん》は息《いき》を吹《ふ》きかえし、ゆくえをくらましてしまった。ドドンゴは、そのミイラ人《にん》間《げん》の手下《てした》の怪獣《かいじゅう》で、羽《はね》のはえた馬《うま》と竜《りゅう》の合《あ》いの子《こ》で火《ひ》をはきながら走《はし》る。

↑ミイラ人間《にんげん》

ペスター

油《あぶら》が大好物《だいこうぶつ》の怪獣《かいじゅう》ペスターは、かわりだね怪獣《かいじゅう》のナンバーワンだ。海《かい》中《ちゅう》でも陸《りく》の上《うえ》でも生存《せいぞん》できる両《りょう》せい動物《どうぶつ》で、体内《たいない》に吸収《きゅうしゅう》した油《あぶら》を青《あお》い怪《かい》光線《こうせん》に変《か》えて、船《ふね》でもビルでも一しゅんに焼《や》きつくしてしまう。

ガバドン

少年《しょうねん》が土管《どかん》にらくがきした怪獣《かいじゅう》が特殊《とくしゅ》な太陽光線《たいようこうせん》の影響《えいきょう》で、生命《せいめい》と肉《にく》体《たい》をもって動《うご》きだしたのが、ガバドンだ。この怪獣《かいじゅう》は、なまけ者《もの》で、ひるねばかりしているが、あばれだすと手《て》がつけられない怪獣《かいじゅう》だ。

ガバドン

バルタン星人《せいじん》

ふつうは二メートルぐらいの身《しん》長《ちょう》だが、巨大化《きょだいか》すると五十メートルになる。ハサミから冷凍光線液《れいとうこうせんえき》を出《だ》すと赤色《せきしょく》のきりとなってなんでも凍《こお》らせてしまう口《くち》から白色《はくしょく》のはかい光《こう》線《せん》を出《だ》しビルをこわす

ギャンゴ対《たい》バルタン星人《せいじん》の血戦《けつせん》

ギャンゴ

宇宙《うちゅう》からきた大《だい》いん石《せき》から作《つく》られたロボット怪獣《かいじゅう》で、テレパシーで動《うご》き、テレパシーの作用《さよう》で消《け》してしまうことができる。磁石《じしゃく》のような手《て》で、鉄《てつ》を吸《す》いよせることもできる。

ガマクジラ

ガマクジラ

真珠《しんじゅ》をつんだトラックが高速道路《こうそくどうろ》を走《はし》っているとき、とつぜん現《あら》われた大怪獣《だいかいじゅう》がトラックを倒《たお》し、中《なか》の真珠《しんじゅ》をおいしそうに食《た》べはじめた。この変《へん》な怪獣《かいじゅう》がガマクジラで、真珠《しんじゅ》と見《み》れば目《め》がなく、真珠《しんじゅ》のネックレスをつけた女《おんな》の人《ひと》までおそわれるしまつだ。科学特捜隊《かがくとくそうたい》のロケット弾《だん》を打《う》ちこまれても、平気《へいき》な不死身《ふじみ》の怪獣《かいじゅう》だが、最後《さいご》にはウルトラマンに、ほかの星《ほし》へ運《はこ》ばれてしまう。

ガボラ対《たい》ウルトラマンの血戦《けっせん》

ウランを求《もと》めてあばれまわるガボラには、さすがの科学特《かがくとく》捜隊《そうたい》も歯《は》が立《た》たない。このままでは日本全国《にほんぜんこく》が、いや地球《ちきゅう》があぶない!! 早田隊員《はやたたいいん》は、ついにウルトラマンに信号《しんごう》を出《だ》した。宇宙《うちゅう》のかなたから矢《や》のように飛《と》んで来《き》た正義《せいぎ》の使者《ししゃ》ウルトラマンとガボラの一騎《き》うちだ。ウルトラ水平《すいへい》打《う》ち・ウルトラ岩《がん》石落《せきお》とし・ウルトラとびけりと、ウルトラマンとくいの必殺《ひっさつ》わざの連続《れんぞく》に、ガボラは守勢《しゅせい》一方《ぽう》。息《いき》もたえだえのガボラはウルトラマンのスペシウム光線《こうせん》にはかいされてしまった。

ゲスラ

ゲスラ

カカオ豆《まめ》につくゲランバチの幼虫《ようちゅう》がよごれた東京湾《とうきょうわん》の水《みず》をのんで大《おお》きくなったのが、このイモ虫怪獣《むしかいじゅう》ゲスラだ。チョコレートが好《す》きで、ネバリ液《えき》を出《だ》してあばれる。チョコレートの原料《げんりょう》、カカオの実《み》を積《つ》んだ輸送船《ゆそうせん》をおそったゲスラは、ものすごい怪力《かいりき》で、大型輸《おおがたゆ》送船《そうせん》をまっぷたつにしてしまった。

© 円谷プロ

グリーンモンス

オイリス島《とう》にしかない食肉植物《しょくにくしょくぶつ》ミロガンダに、放射線《ほうしゃせん》があたり、突然変異《とつぜんへんい》をおこして、二十メートル以上《いじょう》に巨大《きょだい》化《か》したのが、植物怪獣《しょくぶつかいじゅう》グリーンモンスで花《か》べんの口《くち》から、みどり色《いろ》のしびれぐすりをはき出《だ》し、相手《あいて》をやっつける。植物《しょくぶつ》のくせに自由《じゆう》に動《うご》きまわることができる。花《か》べんの中央《ちゅうおう》にあるクロロフィル核《かく》を焼《や》くとレーザーで死《し》んでしまう。

© 円谷プロ

ウルトラ怪獣《かいじゅう》の分類《ぶんるい》

ウルトラ怪獣《かいじゅう》は次《つぎ》の四種類《しゅるい》に大別《たいべつ》される。

①地底怪獣《ちていかいじゅう》

ウラン怪獣《かいじゅう》ガボラ、ミイラ怪獣《かいじゅう》ドドンゴ、ゴルゴス、パゴス、ゴメス、マグラーなどが地底怪獣《ちていかいじゅう》だ。力《ちから》が強《つよ》く、動《うご》きはにぶいが、スタミナのあるのが特徴《とくちょう》。

②宇宙怪獣《うちゅうかいじゅう》

バルタン星人《せいじん》、ケムール人《じん》、ガラモン、ギャンゴ、ベムラーなど。

③植物怪獣《しょくぶつかいじゅう》

マンモス・フラワー、グリーンモンス、吸血植物《きゅうけつしょくぶつ》スフランなど。

④海底怪獣《かいていかいじゅう》

なぞにつつまれている海底《かいてい》に住《す》む怪獣《かいじゅう》で、ラゴン、ペスター、ゲスラなどがいる。

ウルトラ怪獣《かいじゅう》はここで暴《あば》れた

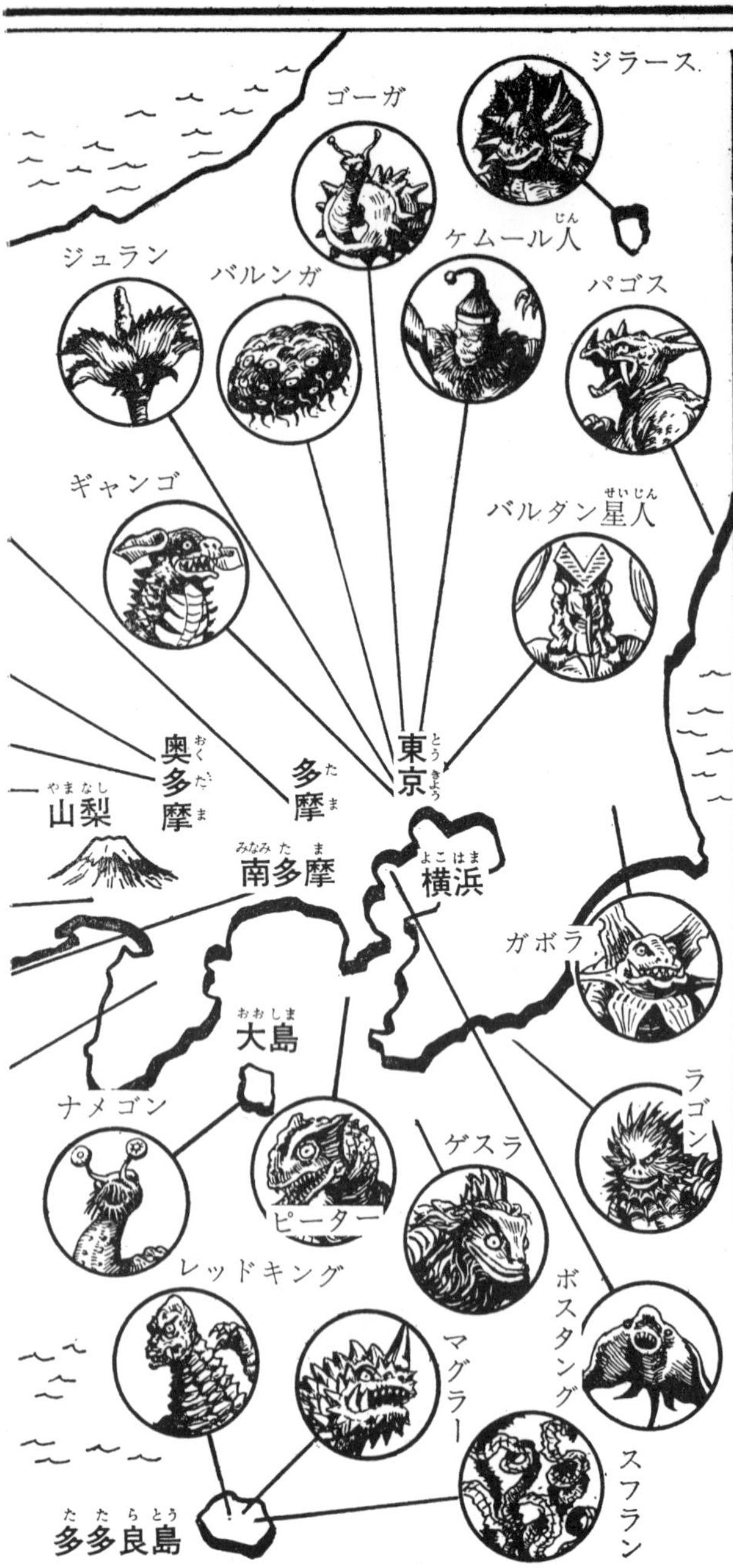

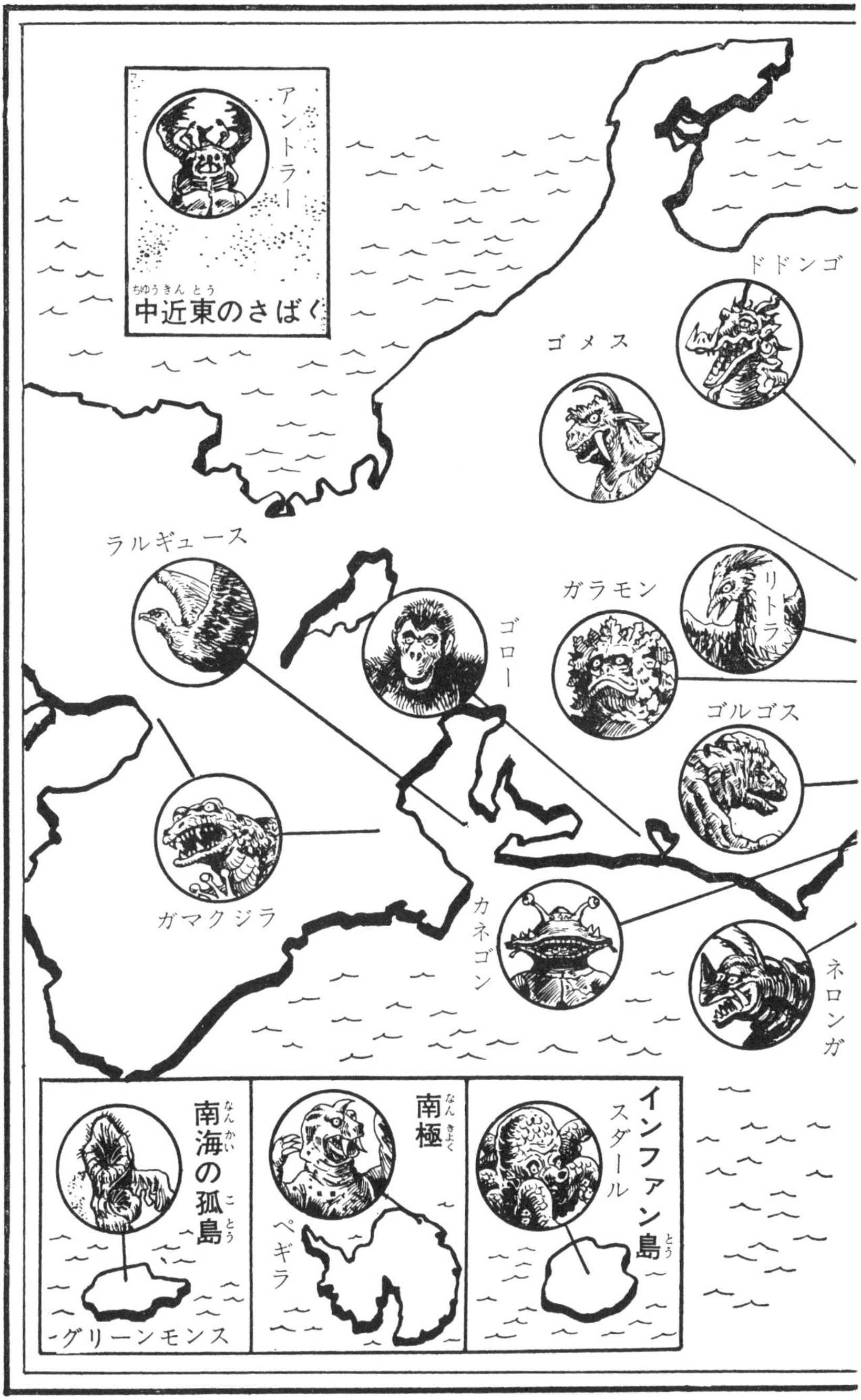

アントラー
中近東《ちゆうきんとう》のさばく
ドドンゴ
ゴメス
ラルギュース
リトラ
ガラモン
ゴロー
ゴルゴス
ガマクジラ
カネゴン
ネロンガ
南海《なんかい》の孤島《ことう》
グリーンモンス
南極《なんきょく》
ペギラ
インファン島《とう》
スダール

のひみつ

40秒《びょう》
ウルトラマンはレッドキングに水《すい》平打《へいう》ちを一発《はつ》!!　カラータイマーは青《あお》。
1分《ふん》50秒《びょう》
しかし、レッドキングの足《あし》げりにウルトラマンはピンチ。カラータイマーは黄色《きいろ》くなった。
2分《ふん》30秒《びょう》
立《た》ちなおったウルトラマンはレッドキングを高々《たかだか》ともち上《あ》げて岩石《がんせき》おとし。だがもう時間《じかん》がない。
2分《ふん》58秒《びょう》
カラータイマーは赤《あか》。だがウルトラマンはスペシウム光線《こうせん》で みごとレッドキングをしとめた。

ウルトラマン

■ウルトラ耳《みみ》
どんな小《ちい》さな
音《おと》でもきこえる。
→目《め》は夜《よる》でも
遠《とお》くまで見《み》える。
■カラータイマー
三分間《ぷんかん》の時間《じかん》を知《し》らせるタイマー。
一分以内《ぷんいない》は青《あお》、二分《ふん》で黄色《きいろ》になり
三分《ぷん》たつと赤《あか》になる。
■スペシウム光線《こうせん》
左手《ひだりて》にプラス、右手《みぎて》にマイナスの
電気《でんき》が流《なが》れていて、手《て》を十字《じゅうじ》にあわせると
右手《みぎて》から、白色光線《はくしょくこうせん》が発射《はっしゃ》される。
これがスペシウム光線《こうせん》で、殺人《さつじん》、はかい、
なんでもできる。
■足《あし》
とびあがる力《ちから》は一とび
5000メートル

のひみつ

全身《ぜんしん》

その大《おお》きさは、ふつうの時《とき》はジャイアント馬場《ばば》の二倍《ばい》くらい。おこるとおこる時《とき》に応《おう》じて数《すう》十倍《ばい》、数百倍《すうひゃくばい》にも自由自在《じゆうじざい》に伸縮《しんしゅく》できる

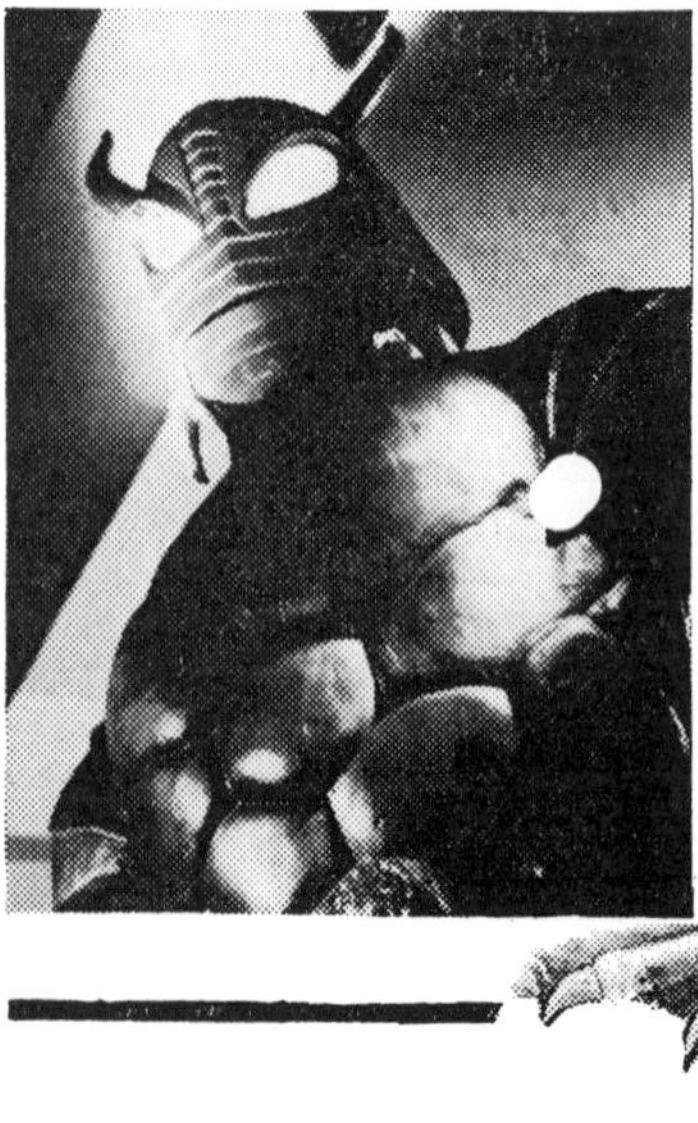

パロン水星《すいせい》からきた
平和《へいわ》の使者《ししゃ》

魔神《まじん》バンダー

脳《のう》と耳《みみ》

脳《のう》は原子《げんし》の集合体《しゅうごうたい》で人間《にんげん》より数億倍《すうおくばい》の判断力《はんだんりょく》をもち、ゼラチン状《じょう》の粘液体《ねんえきたい》からできており、耳《みみ》は、超短波方式《ちょうたんぱほうしき》によって、どんな遠《とお》いところにいても、パロン水星《すいせい》の王子《おうじ》さまのよび声《ごえ》をきく力《ちから》をもっている

目《め》

（**鋼鉄《こうてつ》の顔《かお》の時《とき》**）　いろいろな色《いろ》に変化《へんか》するがふだんは乳白色《にゅうはくしょく》で、赤色《あかいろ》になった時《とき》は、怒《おこ》った顔《かお》に変化《へんか》する前《まえ》ぶれだ。

（**怒《おこ》った時《とき》**）目《め》の色《いろ》は青《あお》にかわり、眼《め》の玉《たま》は回転《かいてん》しバンダー光線《こうせん》をはなつ。

腕《うで》と指《ゆび》

腕《うで》の中《なか》はラセン状《じょう》の特殊合金《とくしゅごうきん》で自由自在《じゆうじざい》にまげることができ、指《ゆび》は三つにわかれものをつかむことができる。　ジェット機《き》や戦車《せんしゃ》、装甲車《そうこうしゃ》などはこの腕《うで》と指《ゆび》でかるくつかみたたきこわされてしまう。

ボデーとメダル

ボデーの中央部《ちゅうおうぶ》はパロン水星《すいせい》のエネルギー、オランのかたまりであって、中心部《ちゅうしんぶ》のメダルは、オランの分子《ぶんし》を原子《げんし》にかえて超高圧蓄電機《ちょうこうあつちくでんき》をつくっており、口《くち》からはく光線《こうせん》を作《つく》っている。

足《あし》と足《あし》くび

足《あし》の部分《ぶぶん》にオラン炉《ろ》があって爆発寸前《ばくはつすんぜん》のオランを調節《ちょうせつ》している、爪《つめ》はパラモンド（パロン星《せい》にしかない五十万気圧《まんきあつ》でかためられた硬質《こうしつ》の石《いし》）でできており、とびたつ時《とき》、発火口《はっかこう》となる。

口《くち》が開《ひら》いたとき

バンダーの口《くち》は強力《きょうりょく》な火焔放射機《かえんほうしゃき》だ。　口《くち》からでる赤《あか》い炎《ほのお》は鉄橋《てっきょう》をやきビルをたおし、海《うみ》の水《みず》まですいあげることができる。　炎《ほのお》といっしょにとびだすロケットは潜水艦《せんすいかん》や空母《くうぼ》でもしずめることができる。

この本を読まれたみなさんへ！

あなたは、この本を読まれてどのように感じられましたか？それをぜひ、きかせてくださいませんか？　これからもわが社は、みなさんに喜ばれる本をつぎつぎと発行したいと思っています。どんな本を出してほしいか、ハガキでおしらせいただけたらありがたいです。

あなたのご意見をぜひ、お待ちしています。

秋田書店児童出版部

※原本発行当時の告知です

NDC 457
円　谷　英　二
写真で見る世界シリーズ
怪　獣　画　報
秋　田　書　店
160 p 22 cm
小学上級生、中学・高校生向

―編集担当―
秋田　君夫

1966年12月5日　初版発行
写真で見る世界シリーズ
怪《かい》　獣《じゅう》　画《が》　報《ほう》
¥ 320

監修者　円《つぶら》　谷《や》　英《えい》　二《じ》　©
発行者　秋　田　貞　夫
印刷所　大日本印刷株式会社

発行所　株式会社　秋　田　書　店
東京都千代田区神田三崎町2の21
電話代表（261）5151　振替東京　99353

※原本発行当時の告知です

コミックスなら《子《こ》どもの本《ほん》》の

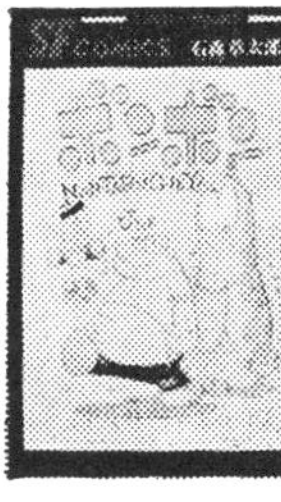

石森《いしもり》章太郎《しょうたろう》のコミックス!!

ボンボン

¥240〒50

マンガ界《かい》のNO1《ナンバーワン》石森《いしもり》先生《せんせい》のけっさくギャグマンガ!! 石森《いしもり》ファン必読《ひつどく》のコミックス!!

桑田次郎《くわたじろう》のコミックス

超犬《ちょうけん》リープ

¥240〒50

※原本発行当時の告知です

※原本発行当時の告知です

●本書は、秋田書店より 1966 年 (昭和 41 年) 12 月に発行された「写真で見る世界シリーズ 怪獣画報」の復刻版です。同社に保管されていた初版をベースに、当時の内容や印刷・造本などを可能な限り再現しておりますが、権利元の意向により、一部キャラクターなどの掲載内容・表現について、最小限の改変をしております。何卒ご了承ください。

●本書に登場する語句や解説文の中には、現在における円谷プロ・東宝の公式設定に合致しないものも一部見られますが、今回「往年の書籍を忠実に再録する」という主旨に基づき、円谷プロ・東宝許諾のもと、明らかな誤植や誤り以外は、出来るだけ原文のままといたしました。

2012年10月31日 初版発行
2023年 6月30日 4版発行

写真で見る世界シリーズ

怪《かい》獣《じゅう》画《が》報《ほう》［復刻版］

監修 円《つぶら》谷《や》 英《えい》二《じ》

著者 大《おお》伴《とも》 昌《しょう》司《じ》

小《お》山《さ》内《ない》 宏《ひろし》

発行者 牧内真一郎

発行所 株式会社 秋田書店

〒102-8101 東京都千代田区飯田橋2-10-8
編集 03(3265)7365
販売部 03(3264)7248
製作部 03(3265)7373
振替口座 00130-0-99353
http://www.akitashoten.co.jp

印刷所 大日本印刷株式会社

監修：円谷プロダクション／東宝

協力：弥生美術館／トランスグローバル(株)

Printed in Japan
ISBN 978-4-253-00919-5